UTB 3325

Eine Arbeitsgemeinschaft der Verlage

Böhlau Verlag · Köln · Weimar · Wien
Verlag Barbara Budrich · Opladen · Farmington Hills
facultas.wuv · Wien
Wilhelm Fink · München
A. Francke Verlag · Tübingen und Basel
Haupt Verlag · Bern · Stuttgart · Wien
Julius Klinkhardt Verlagsbuchhandlung · Bad Heilbrunn
Lucius & Lucius Verlagsgesellschaft · Stuttgart
Mohr Siebeck · Tübingen
Orell Füssli Verlag · Zürich
Ernst Reinhardt Verlag · München · Basel
Ferdinand Schöningh · Paderborn · München · Wien · Zürich
Eugen Ulmer Verlag · Stuttgart
UVK Verlagsgesellschaft · Konstanz
Vandenhoeck & Ruprecht · Göttingen
vdf Hochschulverlag AG an der ETH Zürich

Der Autor dankt Evelyn Argast-Meyer, Dr. Anette Baur, Prof. Dr. Wolfgang Nentwig, Regina Ruckli und PD Dr. Peter Stoll für kritische Anregungen zum Manuskript und Martin Lind (Lektor) für gute Zusammenarbeit mit dem Haupt Verlag.

UTB Profile

Bruno Baur

Biodiversität

Haupt Verlag
Bern · Stuttgart · Wien

Prof. Dr. Bruno Baur ist Professor für Naturschutzbiologie und Leiter des Instituts für Natur-, Landschafts- und Umweltschutz an der Universität Basel. Er ist Mitgründer und Mitglied des Beirats des Forums Biodiversität der Schweizerischen Akademie der Naturwissenschaften. Seine Forschungsschwerpunkte sind anthropogene Veränderungen der Biodiversität, invasive Arten und die Biologie von seltenen und gefährdeten Arten.

1. Auflage 2010

Bibliografische Information der *Deutschen Nationalbibliothek*
Die Deutsche Nationalbibliothek verzeichnet diese Publikation in der Deutschen Nationalbibliografie; detaillierte bibliografische Daten sind im Internet über http://dnb.d-nb.de abrufbar.

ISBN 978-3-8252-3325-9

Umschlag: Atelier Reichert, Stuttgart
Satz/Gestaltung: Verlag die Werkstatt, Göttingen

Printed in Germany

www.haupt.ch

UTB Bestellnummer: 978-3-8252-**3325**-9

Inhalt

Einführung: Was ist Biodiversität?

Spätestens seit der UNO-Konferenz über Umwelt und Entwicklung, die 1992 in Rio de Janeiro stattgefunden hat, bekennen sich die meisten Staaten zum Schutz der Biodiversität. Als wesentliches Ergebnis dieser Konferenz ist das Übereinkommen über die biologische Vielfalt (*Convention on Biological Diversity*, CBD, Biodiversitäts-Konvention) entstanden. In der Öffentlichkeit und im angewandten Naturschutz wird der Begriff «Biodiversität» aber vielfach als Synonym zur Artenvielfalt gebraucht und der Erhalt der biologischen Vielfalt mit dem klassischen Artenschutz gleichgesetzt. Ein Blick auf die Definition der Konvention zeigt hingegen, dass Biodiversität viel mehr umfasst: «*Biologische Vielfalt bedeutet die Variabilität unter lebenden Organismen jeglicher Herkunft, darunter unter anderem Land-, Meeres- und sonstige aquatische Ökosysteme und die ökologischen Komplexe, zu denen sie gehören: dies umfasst die Vielfalt innerhalb der Arten und zwischen den Arten und die Vielfalt der Ökosysteme*» (CBD; Artikel 2; www.cbd.int).

Wissenschaftlich gesehen finden sich in dieser Definition also drei Organisationsebenen wieder, die alles Leben auf der Erde beinhalten. Auf der **genetischen Ebene** wird die genetische Variabilität innerhalb von Individuen, zwischen den Individuen einer Population sowie zwischen Populationen betrachtet. Die **organismische Ebene** umfasst die Vielfalt an Taxa (Unterarten, Arten, Gattungen oder Familien), während sich die **ökosystemare Ebene** auf die Vielfalt an Lebensgemeinschaften von Arten und ihre Wechselbeziehungen bezieht. Somit ist Biodiversität als Objekt schwer erfassbar, da sie quasi alles umfasst, nicht nur die Arten, sondern auch die Vielfalt innerhalb der Arten.

Entstehung des Begriffes «Biodiversität»

Obwohl der Begriff «Diversität» in der Biologie und Ökologie seit langer Zeit gebräuchlich war, sprach Thomas Lovejoy als Erster 1980 von *biological diversity*, daraus wurde schnell *biodiversity* (Lovejoy 1980). Als einer von mehreren namhaften Wissenschaftlern machte er schon damals auf den rapiden Artenschwund in tropischen Ökosystemen aufmerksam. Im Jahre 1986 richtete der *American Natural Research Council* das *US National Forum on BioDiversity* ein. Dieses Fachgremium veröffentlichte auch bald eine erste Synthese über das Ausmaß des Artenschwundes und mögliche Konsequenzen in Form eines Buches mit dem Titel «*Biodiversity*» (Wilson 1988). Der neu entstandene Begriff umschrieb die Lehre von der Erforschung biologischer Vielfalt und ihrer Bedrohung auf der Erde unter gleichzeitiger Berücksichtung geeigneter Schutzmaßnahmen. Die ursprünglich relativ restriktive wissenschaftliche Bedeutung von Biodiversität wurde aber innerhalb kurzer Zeit erweitert. In dem in Rio de Janeiro 1992 verabschiedeten Übereinkommen sollte mit Biodiversität ein zusätzliches Zielpublikum angesprochen werden, nämlich politische Entscheidungsträger und die Öffentlichkeit. Biodiversität wurde so zu einem Konzept weiterentwickelt, dessen drei Hauptziele der Schutz der biologischen Vielfalt, deren nachhaltige Nutzung und die gerechte Verteilung der sich aus der Nutzung ergebenden wirtschaftlichen Vorteile sind. Die Biodiversitäts-Konvention ist eng mit dem Konzept der **nachhaltigen Entwicklung** (im Sinne der Brundtland-Kommission) verknüpft, stellt aber eine ökonomische Argumentation in den Vordergrund, mit der Annahme, dass derartige Argumente überzeugender sind als rein ökologische oder ethische. Der ursprünglich wissenschaftliche Begriff hat schnell in verschiedenen Bereichen des Naturschutzes sowie in Verordnungen und Gesetzen einen konzeptionellen Platz gefunden. Biodiversität ist also weit mehr als ein neues Fachgebiet der Biologie. Biodiversität umfasst die ökonomische Nutzbarkeit der Natur, beinhaltet aber auch Aspekte der sozialen Gerechtigkeit sowie Schutzbestimmungen.

Biodiversität ist somit in der Wissenschaft, wie auch in der Politik eine feste Größe geworden. Bei genauer Betrachtung stellt man aber fest, dass unterschiedliche Auffassungen von Biodiversität existieren (Beierkuhnlein 2003). Die Komplexität von Biodiversität wird von vielen mangelhaft wahrgenommen oder missverstanden. Durch verschiedene Interessen gesteuerte Interpretationen verwässern den Begriff und lassen ihn zum umweltpolitischen Schlagwort verkommen. Die sich dahinter implizit verbergende Botschaft von der «bedrohten Natur» wird als soziales und politisches Konstrukt angesehen (Gaston 1996). Es gilt also zu unterscheiden, von welcher «Biodiversität» die Rede ist: Biodiversität als wissenschaftliche Messgröße, als strategisches Konzept zur Erhaltung, Entwicklung und nachhaltigen Nutzung der verschiedenen Bestandteile von belebter Natur oder einfach als Schlagwort.

Ziele des Buches

Dieses Buch stellt Biodiversität aus naturwissenschaftlicher Sicht dar und skizziert die ursprünglichen Ideen des Übereinkommens über die biologische Vielfalt. Dies bedingt, dass neben Theorie und Fakten auch Wertungen und Forderungen vorgestellt werden. Es wird gezeigt, wie Biodiversität entsteht und sich weiterentwickelt und wie sie räumlich auf der Erde verteilt ist. Es werden Methoden zur Erfassung der Biodiversität auf verschiedenen Organisationsebenen vorgestellt. Ökosysteme vollbringen Leistungen, ohne die menschliches Leben auf der Erde nicht denkbar wäre. In einem anthropozentrischen Ansatz wird die Nutzbarbeit der Biodiversität ins Zentrum gesetzt und ihre «Dienstleistungen» erfasst, die sie den Menschen bereitstellt. Ökonomisch betrachtet sind die Ökosystemleistungen von großem finanziellen Wert. Aus ethischer Sicht hat jedes Lebewesen, egal ob Pilz, Pflanze oder Tier, einen Eigenwert und der Mensch hat kein Recht, eine Art auszurotten. Unsere Zeit wird aber geprägt durch einen Artenschwund von gewaltigem Ausmaß. Die Hauptursachen für dieses Massenaussterben werden vorgestellt. Maßnahmen zur Reduktion oder gar Vermeidung weiteren Aussterbens von Arten sind durchaus bekannt, und werden auch lokal und regional an zahlreichen Stellen angewendet. Die Umsetzung der Biodiversitäts-Konvention verläuft aber nur schleppend, vor allem weil (kurzfristige) wirtschaftliche Interessen der grundlegenden Idee einer nachhaltigen Entwicklung der Gesellschaft und ihrer Umwelt entgegenwirken.

Dieses Buch richtet sich an Studierende verschiedener Fachrichtungen mit Interesse an der biologischen Vielfalt. Es soll Einblick in die verschiedenen Ansätze und Betrachtungsweisen der Biodiversität geben und Wissen über bestehende Methoden und Modelle sowie über deren Grenzen vermitteln. Für ökologische Grundlagen wird auf die Lehrbücher von Townsend et al. (2008), Nentwig et al. (2009), oder Smith & Smith (2009) verwiesen. Grundlagen für das Fachgebiet Naturschutzbiologie sind in Primack (1995) oder Groom et al. (2006) sowie über die geografische Verbreitung der Arten (Biogeografie) in Beierkuhnlein (2007) zu finden.

Weiterführende Literatur

Gaston K.J. (Hrsg.) (1996) Biodiversity – a biology of numbers and difference. Blackwell Science, Oxford.

Wilson E.O. (Hrsg.) (1988) Biodiversity. National Academy Press, Washington D.C.

1

Wie entsteht biologische Vielfalt?

Zusammenfassung

Genetische Vielfalt ist die Grundlage der Evolution. Sie ist Voraussetzung für die Bildung neuer Arten. In diesem Kapitel werden verschiedene Aspekte der genetischen Vielfalt vorgestellt und die Faktoren und Prozesse erläutert, die Veränderungen in der genetischen Vielfalt bewirken. Es wird gezeigt, wie Mutationen, natürliche Selektion und genetische Drift zu Veränderungen in den Genfrequenzen der Populationen beitragen. Der Begriff «Art» wird erklärt und die speziellen Bedingungen werden dargestellt, bei denen eine Artbildung möglich ist.

Genetische Vielfalt

Zwischen den Individuen einer Population bestehen meistens genetische Unterschiede (Primack 1995). **Gene** sind aus Nukleotiden aufgebaut. Miteinander verbunden bilden Nukleotide lange Ketten, die sogenannten DNA-Stränge, die viele Gene enthalten und aufgeknäuelt als Chromosomen sichtbar sind. Ein Gen kann mehrere Proteine kodieren. Die genetische Variabilität ist darauf zurückzuführen, dass einzelne Gene der Individuen sich geringfügig voneinander unterscheiden. Die unterschiedlichen Ausprägungen eines Gens werden als **Allele** bezeichnet. Verschiedene Allele können in Struktur und Funktion unterschiedliche Formen von Proteinen produzieren, welche die Entwicklung und Physiologie des Organismus unterschiedlich beeinflussen. So können verschiedene Allele am Gen «Gehäusefarbe» bei der Hain-Bänderschnecke *(Cepaea nemoralis)* gelbe, rosa oder braune Gehäuse bewirken.

Die genetische Variabilität ist bei Arten mit sexueller Fortpflanzung besonders hoch, weil jedes Individuum durch die **Rekombination** der Gene seiner Eltern eine einzigartige Gen- und Chromosomenkombination erhält. Bei der meiotischen Zellteilung werden während des *Crossing-over* Gene zwischen Chromosomen ausgetauscht, das Erbgut wird umgeordnet und es entstehen neue Genkombinationen, wenn die

Keimzellen der Eltern sich zu einem genetisch einzigartigen Nachkommen vereinigen. Zwar liefern Mutationen das Ausgangsmaterial für die genetische Variabilität, aber die Fähigkeit von Arten mit sexueller Fortpflanzung, Allele nach dem Zufallsprinzip neu zu kombinieren, erhöht das Potenzial für genetische Variabilität enorm.

Die Gesamtheit der Allele einer Population wird als deren **Genpool** bezeichnet, die konkrete Allelkombination eines Individuums als dessen **Genotyp**. Als **Phänotyp** des Individuums werden seine morphologischen, anatomischen, physiologischen und biochemischen Eigenschaften bezeichnet, die sich aus der Ausprägung seines Genotyps unter bestimmten Umweltbedingungen ergeben.

Genetische Vielfalt ist sichtbar, wenn morphologische Eigenschaften genetisch festgelegt sind und Individuen in diesen Eigenschaften variieren, beispielsweise die Gefiederfarbe bei Wellensittichen. Viele morphologische Eigenschaften sind aber nicht vollständig durch Gene determiniert, sondern sind das Ergebnis der Wechselwirkung von Genen und Umwelt. Ähnlich wie bei der sichtbaren morphologischen Variation gibt es auch genetisch festgelegte Variation in Verhaltensweisen. Einige Schmetterlingsarten weisen populationsspezifische Präferenzen für bestimmte Pflanzenarten auf, auf denen sie ihre Eier ablegen (Kuussaari et al. 2000). Genetisch determiniert ist auch die Futterpräferenz bei der Strumpfbandnatter *(Thamnophis elegans)* in Nordamerika: Jungtiere aus küstennahen Populationen in Kalifornien, in deren Lebensräumen viele Nacktschnecken vorkommen, verzehrten in Wahlversuchen ausschließlich Nacktschnecken, während Jungtiere aus Inlandpopulationen Frösche und Fische bevorzugten (Arnold 1981). Schlüpfende Jungtiere der Gefleckten Schnirkelschnecke *(Arianta arbustorum)* zeigen je nach Population eine verschieden stark ausgeprägte Neigung zu Eikannibalismus (Baur 1994). Bei Eidechsen wurden genetisch festgelegte Unterschiede in physiologischen Eigenschaften, wie die Schnelligkeit des Wegrennens *(sprint speed)*, nachgewiesen, und Taufliegen *(Drosophila)* zeigen genetisch determinierte Unterschiede in biochemischen Eigenschaften (z.B. bei Verdauungsenzymen).

In den meisten Fällen wird die genetische Vielfalt aber mithilfe von molekularbiologischen Methoden untersucht, die direkten Einblick in die Variabilität der Gene geben.

Verschiedene Stufen der genetischen Vielfalt

In jeder Pflanzen- und Tierart können drei verschiedene Stufen von genetischer Vielfalt unterschieden werden:

- genetische Variation innerhalb von Individuen (Heterozygosität);
- genetische Unterschiede zwischen Individuen innerhalb einer Population;
- genetische Unterschiede zwischen Populationen.

Zur Schätzung der genetischen Vielfalt innerhalb eines Individuums werden die Allele an ausgewählten Genloci betrachtet. Befinden sich an einem Locus zwei identische Allele (ein Allel von der Eizelle der Mutter, das andere vom befruchtenden Spermium des Vaters), ist das Individuum an diesem Locus **homozygot**. Kommen aber zwei verschiedene Allele vor, dann ist das Individuum an diesem Locus **heterozygot**. Werden bei einem Individuum mehrere Loci beurteilt, so können die Häufigkeiten der homozygoten und heterozygoten Loci ermittelt werden. So ist beispielsweise ein Individuum an neun von zehn untersuchten Loci heterozygot (d.h. 90 % seiner Loci sind heterozygot), während ein anderes Individuum nur an zwei der zehn Loci heterozygot ist (20 % heterozygote Loci). Das erste Individuum weist eine deutlich höhere genetische Variabilität auf als das zweite. Im Extremfall sind alle Loci eines Individuums homozygot. Dies kommt bei Organismen mit klonaler Fortpflanzung oder Parthenogenese vor sowie bei der Vermehrung durch regelmäßige Selbstbefruchtung.

Innerhalb einer Population werden die verschiedenen Kombinationen von Allelen (Genotypen) betrachtet, die bei den Individuen vorkommen (Tabelle 1). Wenn alle Individuen am untersuchten Locus zwei gleiche Allele aufweisen, dann ist die Population an diesem Locus **monomorph**. Dies bedeutet, dass in der Population keine genetische Variation am betrachteten Locus vorhanden ist. Haben aber einige Individuen verschiedene Allele am untersuchten Locus, dann ist die Population **polymorph**. Mithilfe von Stichproben kann die genetische Vielfalt einer Population geschätzt werden. Dazu werden beispielsweise bei 20 Individuen je fünf Loci (variable Mikrosatelliten-Marker) untersucht. Zur Bewertung der genetischen Vielfalt werden die Anzahl der verschiedenen Allele, ihre Häufigkeiten, das Verhältnis «Anzahl Allele pro Locus» sowie die Anzahl (oder der Prozentanteil) polymorpher Loci beigezogen.

Locus	Allele	Jura N=30	Voralpen N=22	Alpen N=23
Vb-A8	a	0,00	0,00	0,72
	b	0,62	1,00	0,09
	c	0,38	0,00	0,19
Vb-A11	a	0,00	0,70	0,00
	b	0,98	0,23	0,50
	c	0,02	0,07	0,50
Vb-B1	a	0,00	0,03	0,14
	b	0,92	0,97	0,86
	c	0,08	0,00	0,00
Vb-B10	a	0,00	0,71	0,30
	b	0,00	0,00	0,22
	c	1,00	0,29	0,48
Vb-D12	a	0,40	0,77	0,00
	b	0,48	0,00	0,17
	c	0,12	0,23	0,83
Anzahl Allele (15)		10	10	12
Anzahl Allele/Locus		2	2	2,4
Anzahl polymorphe Loci		4	4	5
% polymorphe Loci		80	80	100

Tabelle 1: Genetische Vielfalt in drei Kreuzotter- *(Vipera berus)*-Populationen. Dargestellt sind die Allelhäufigkeiten von fünf variablen Loci (Mikrosatelliten-Marker) und die Anzahl der untersuchten Individuen (N). Die Population im Juragebirge ist am Locus Vb-B10 monomorph, während die beiden anderen Populationen am gleichen Locus polymorph sind (d.h. zwei bzw. drei Allele haben). Die Voralpenpopulation ist am Locus Vb-A8 monomorph. Die genetische Vielfalt ist in der Alpenpopulation am größten (Daten aus Ursenbacher et al. 2009).

Die Genfrequenzen einer Population können sich durch natürliche Selektion, Ein- und Auswanderung, Genfluss und Zufallsprozesse wie genetische Drift verändern (siehe Evolutionsprozesse). Die in Tabelle 1 aufgeführten Werte zeigen, dass die Kreuzotterpopulation in den Alpen eine größere genetische Vielfalt aufweist als die beiden Populationen im Juragebirge und in den Voralpen. Die genetischen Unterschiede zwischen Populationen sind von großer Bedeutung für die genetische Vielfalt der Art (Genpool der Art). Genetisch vielfältige Populationen haben eine größere Wahrscheinlichkeit, sich an veränderte Umweltbedingungen anpassen zu können als «genetisch verarmte» Populationen. Bei extremen Umweltveränderungen besitzt möglicherweise eine Population die geeigneten Gene um dem neuen Selektionsdruck widerstehen zu können und somit das Überleben der Art zu ermöglichen. So kann beispielsweise die Sortenvielfalt von Nutzpflanzen – eine Form der genetischen Vielfalt – zur Überlebensfrage werden: In den 1970er-Jahren vernichtete ein aggressives Virus die Reisernten von Indien bis Indonesien. Als Folge wurden 6273 Reissorten auf ihre Resistenz gegen das Virus getestet. Nur eine einzige Sorte besaß Gene, die die Pflanze gegen die Viruskrankheit immun machten. Diese Sorte konnte dann weiter gezüchtet werden. Im Allgemeinen kann genetische Vielfalt auch als «Lebensversicherung» der Population oder Art betrachtet werden.

Fortpflanzungssystem und genetische Vielfalt

Natürliche Populationen haben eine räumliche wie auch eine zeitliche Struktur. Beide beeinflussen die räumliche Struktur der genetischen Vielfalt der Art, zusammen mit weiteren Faktoren wie das Fortpflanzungssystem, die Ausbreitungsdistanzen der Männchen und Weibchen und die Fähigkeit der Weibchen, die Spermien, welche sie von verschiedenen Männchen erhalten haben, zu speichern. Das Fortpflanzungssystem spielt dabei die wichtigste Rolle. In der Regel ist die genetische Vielfalt am geringsten bei Arten mit klonaler Fortpflanzung. Populationen von Pflanzen, die sich ausschließlich vegetativ fortpflanzen, können aber aus verschiedenen Klonen bestehen. Bei Arten mit häufiger oder obligater Selbstbefruchtung (z.B. gewisse zwittrige Landschnecken) ist die genetische Vielfalt eher gering. Bei Säugetieren spielt das in den Populationen vorherrschende Paarungssystem eine wichtige Rolle für die genetische Vielfalt. Sie ist am größten bei Arten mit herumstreifenden Männchen, gefolgt von Arten mit Revierverhalten. Bei Populationen mit Harems-Bildung (z.B. See-Elefanten) und Balzplatz-Fortpflanzungsverhalten ist die genetische Vielfalt geringer, weil die Gene von einigen wenigen Männchen überdurchschnittlich häufig im Genpool vertreten sind.

Evolutionsprozesse

Verschiedene Prozesse tragen zu Veränderungen der genetischen Vielfalt innerhalb und zwischen Individuen sowie zwischen Populationen bei. **Mutationen** bedeuten eine Veränderung im genetischen Material. Durch Mutationen können neue Varianten (Allele) der Gene entstehen, die veränderte oder neue Merkmale verursachen. Mutationen können spontan auftreten oder durch äußere Einflüsse wie radioaktive Strahlung oder erbgutverändernde Chemikalien (Mutagene) verursacht werden. In der Evolution sind Keimbahnmutationen von Bedeutung. Dies sind Mutationen, die an die Nachkommen über die Keimbahn weitergegeben werden. Sie betreffen Eizellen oder Spermien sowie deren Vorläufer. Mutationen können unter anderem durch Fehler bei der Replikation der DNA und bei Reparaturvorgängen sowie durch falsche Zusammenlagerung von DNA-Sequenzen bei der Meiose entstehen. Bei Punktmutationen wird nur ein Nukleotid im genetischen Code verändert (z.B. eine Base ausgetauscht). Mutationen können negative Auswirkungen für den Organismus haben, oder ohne Fitnesskonsequenzen für das betroffene Individuum sein. Nur in sehr seltenen Fällen hat eine Mutation positive Folgen für den Organismus.

Die von Charles Darwin (1809–1882) entwickelte Evolutionstheorie stellt **natürliche Selektion** als Mechanismus in den Vordergrund. *Survival of the fittest* bedeutet nach Darwin, dass diejenigen Individuen überleben und sich vermehren können, welche an die vorherrschenden Bedingungen (extreme Temperaturverhältnisse, Prädatorendruck, verändertes Nahrungsangebot, usw.) am besten angepasst sind. Individuen mit bei den vorherrschenden Bedingungen vorteilhaften Merkmalen (z.B. Farbe, Größe oder Verhalten) können mehr Nachkommen produzieren als Individuen ohne diese Merkmale. Die vorteilhaften Merkmale kommen deshalb in der nächsten Generation häufiger vor, während die nachteiligen seltener werden, vorausgesetzt, dass diese Merkmale vererbbar sind. Über viele Generationen betrachtet, können durch diesen Prozess unterschiedliche Anpassungen an verschiedene Umweltbedingungen entstehen. Wenn sich zwei oder mehrere Populationen von Lebewesen immer stärker in ihren Merkmalen unterscheiden, d.h. immer größere genetische Differenzen auftreten, kann sich die Art in neue Arten aufspalten (siehe: Wie entstehen neue Arten?). Eine wichtige Voraussetzung für Anpassungen durch natürliche Selektion sowie für Artbildung ist das Vorhandensein von genetischen Unterschieden zwischen Individuen (genetische Vielfalt).

Der englische Biomathematiker Ronald Fisher (1890–1962) kombinierte das Evolutionsmodell von Darwin und nachfolgende Beiträge von verschiedenen Genetikern zur einheitlichen **Synthetischen Theorie der Evolution** (oder **Neodarwinismus**). Er entwickelte damit die Grundlage für quantitative Untersuchungen, welche auf Allelfrequenzen basieren (Fisher 1930). **Evolution** findet statt, wenn sich die Häufigkeiten von Allelen in einer Population verändern. Durch Mutationen können neue genetische Varianten entstehen. Durch Rekombination werden Allele in neuen Kombinationen an die Nachkommen weitergegeben.

Das zufällige Weitergeben von Allelen an die nächste Generation wird **genetische Drift** genannt. Dabei spielt die Populationsgröße eine wichtige Rolle. Das Allel-Set, das eine Generation an die Nachfolgegeneration weitergibt, ist statistisch gesehen immer eine Zufallsstichprobe. In großen Populationen werden auch Allele, welche in geringen Häufigkeiten vorkommen, an die nächste Generation weitergegeben, während bei kleinen Populationen seltene Allele verloren gehen. Durch genetische Drift kann sich die Nachfolgegeneration in den Allelhäufigkeiten deutlich von der Vorgängerpopulation unterscheiden.

Beim **Gründereffekt** besiedeln wenige Individuen einen neuen Lebensraum, etwa eine Insel. Diese Tiere repräsentieren nicht die ganze Bandbreite der in der Ausgangspopulation vorhandenen Allele. Wegen der geringen Vielfalt an mitgebrachten Allelen kann die neu entstandene Inselpopulation sich unter den veränderten Bedingungen anders entwickeln als die Ausgangspopulation. Dadurch erhöht sich die Wahrscheinlichkeit, dass auf der Insel eine neue Art entstehen kann (siehe: Wie entstehen neue Arten?).

Was ist eine Art?

Diese auf den ersten Blick triviale Frage ist gar nicht so leicht zu beantworten. In verschiedenen Artkonzepten wird mithilfe eindeutiger Kriterien versucht, die Vielfalt der Lebensformen auf unserem Planeten in diskrete Einheiten aufzuteilen. Da Evolution aber ein ständig fortschreitender Prozess ist, gibt es viele unterschiedlich stark ausgeprägte Übergangsformen zwischen Arten, die kaum durch eine gängige Definition taxonomisch zweifelsfrei abgegrenzt werden können. Die beiden am häufigsten verwendeten Definitionen für eine Art lauten:

- Eine Art ist eine Gruppe von Individuen, die sich in morphologischer, physiologischer oder biochemischer Hinsicht von anderen Gruppen unterscheidet (**morphologische Definition** einer Art, **Morphospezies**).
- Eine Art ist eine Gruppe tatsächlich und potenziell kreuzbarer Individuen, die sich mit Individuen anderer Gruppen unter natürlichen

Bedingungen nicht fortpflanzen (**biologische Definition** der Art, **Biospezies**).

Das **Morphospezies-Konzept** ist nützlich zur Unterscheidung der großen Zahl von lebenden, aber auch ausgestorbenen und nur fossil überlieferten Pflanzen- und Tierarten. Die folgenden Fakten zeigen aber die Grenzen dieses Konzeptes auf:

- Innerhalb einer Art können die Merkmale kontinuierlich variieren. Ein Phänotyp ist nicht vollständig durch den Genotyp determiniert, sondern ist das Ergebnis der Wechselwirkung von Genotyp und Umwelt. Ein und derselbe Genotyp kann je nach Lebens- und Umweltbedingungen unterschiedliche Formen und Größen bewirken. Viele Arten zeichnen sich durch eine hohe phänotypische Plastizität aus. So variiert beispielsweise die Blattform und Größe des Löwenzahns *(Taraxacum officinale)* stark in Abhängigkeit von der Niederschlagsmenge, Sonneneinstrahlung und Jahreszeit zum Zeitpunkt der Blattbildung.
- Innerhalb einer Art können Merkmale diskret variieren (intraspezifischer Polymorphismus). Individuen der Hain-Bänderschnecke *(Cepaea nemoralis)* weisen eine gelbe, rosa oder braune Gehäusefarbe auf. Zusätzlich können die Gehäuse mit einem bis fünf, manchmal zusammenhängenden dunkelbraunen Bändern verziert sein. Alle diese Merkmale sind genetisch determiniert (Murray 1975). Das sehr variable Aussehen der Hainbänderschnecke verleitet zu einer Zuordnung von Individuen in verschiedene Arten.
- Viele Arten durchlaufen während der Individualentwicklung verschiedene Stadien (z.B. Larvenstadien bei Fliegen, Raupen und Puppe bei Schmetterlingen). Larvenstadien lassen sich oft nur mit großen Schwierigkeiten einer bestimmten Art zuordnen. Es ist auch vorgekommen, dass Larven einer schon bekannten Art als eigene, neue Art beschrieben wurden.
- Bei zahlreichen Arten sehen weibliche und männliche Individuen unterschiedlich aus (z.B. Stockente, Auerhuhn, Rothirsch, zahlreiche Insekten). Dieser sogenannte Sexualdimorphismus hat in verschiedenen Fällen dazu geführt, dass Weibchen und Männchen derselben Art ursprünglich verschiedenen Arten zugeordnet wurden.
- Biologisch völlig verschiedene Arten können aufgrund ähnlicher Selektionsbedingungen in ihrem Phänotyp konvergieren, sodass sie rein äußerlich kaum mehr zu unterscheiden sind.

Das **biologische Artkonzept** basiert auf der Annahme, dass die Isolationsmechanismen zwischen den einzelnen Arten auf biologischen Eigenschaften der Organismen beruhen. Zwischenartliche Kreuzungen werden durch ethologische, morphologische, physiologische oder genetische Isolationsmechanismen verhindert. Dadurch bilden die Individuen einer Art eine Fortpflanzungsgemeinschaft mit einem gemeinsamen Genpool. Aber auch das biologische Artkonzept hat seine Grenzen:

- Arten, die sich nur ungeschlechtlich vermehren (klonal oder durch Parthenogenese), werden durch die Definition des biologischen Artkonzeptes nicht erfasst. Zu diesen gehören alle Prokaryoten (Mikroorganismen), einige Pilze und Pflanzen, verschiedene Insekten und Echsen.
- Viele Pflanzen- und Tierarten kreuzen sich auch in der Natur (z.B. Steinkorallen, Orchideen). Nach dem biologischen Artkonzept sind einige Orchideenarten keine getrennten Arten.
- Individuen, die sich nie in einer Population fortpflanzen können (z.B. Arbeiterinnen bei Bienen oder Ameisen) werden vom biologischen Artkonzept nicht erfasst, obwohl sie zum Genpool beitragen.

Trotz dieser Einschränkungen findet das biologische Artkonzept als «vorstellbares Modell» häufig Verwendung in der Ökologie und Naturschutzbiologie.

In neuerer Zeit werden immer mehr molekularbiologische Methoden zur Unterscheidung einzelner Arten eingesetzt (Exkurs: DNA-Taxonomie und DNA-Barcoding). DNA-Taxonomie ermöglicht die Entdeckung und Beschreibung neuer Arten, ist aber kein Ersatz für die klassische Taxonomie. DNA-Barcoding funktioniert nicht ohne die Taxonomie- und Systematik-Fachleute der einzelnen Organismengruppen. Entscheidende Fortschritte in der Biodiversitätserfassung wird es nur durch den komplementären Einsatz von klassischen und molekularen Methoden geben.

DNA-Taxonomie und DNA-Barcoding

Zur Unterscheidung einzelner Arten werden zunehmend molekularbiologische Methoden (vor allem Sequenzierung geeigneter DNA-Abschnitte) angewendet (Tautz et al. 2003). Bisher wurden DNA-Sequenzen meistens als Zusatzkriterien zur sicheren Artbestimmung angewendet. Seit geraumer Zeit gibt es aber Bemühungen, alle bekannten Arten auch molekularbiologisch zu charakterisieren. Dabei wird nicht das ganze Genom sequenziert, sondern nur Abschnitte (oft die Cytochrom-Oxidase Untereinheit I).

DNA-Barcoding ermöglicht die Identifizierung von bereits bekannten Arten mittels eines arttypischen DNA-Fragmentes durch den Abgleich mit einer bestehenden Datenbank (www.barcodinglife.com). Das funktioniert ähnlich wie das Barcoding (Streifencode) auf Verkaufswaren im Supermarkt, nur dass hier nicht schwarze Streifen, sondern DNA-Basenabfolgen zur Identifizierung dienen (Streit 2007). Sequenziergeräte dürften in Zukunft kleiner und preiswerter werden, was charakteristische Zuordnungen von DNA-Proben zu konkreten Taxa vermutlich sogar im Freiland ermöglichen wird. Bis zur Etablierung einer weltweit auch nur annähernd vollständigen Barcoding-Datenbank ist der Arbeitsaufwand allerding sehr groß.

Wie entstehen neue Arten?

Der entscheidende Schritt einer potenziell neuen Art erfolgt mit der vollständigen Trennung des Genpools einer Population von anderen Populationen. Dies ist der Fall, wenn sich die Individuen der betrachteten Population nicht mehr mit den Individuen der anderen Populationen kreuzen. Ist der Genpool einer Teilpopulation einmal isoliert, folgt er einer eigenen, unabhängigen Entwicklung, die durch natürliche Selektion, genetische Drift und Mutation beeinflusst wird. Verschiedene Prozesse können zur Artbildung führen:

- Allopatrische oder geografische Artbildung,
- sympatrische Artbildung (Polyploidie und Artbildung durch Konkurrenz).

Allopatrische (geografische) Artbildung kann eintreten, wenn das Verbreitungsgebiet einer Art durch äußere Prozesse in zwei oder mehr Teile aufgespalten wird. Eine Population wird durch die Neubesiedlung einer

Insel, durch Austrocknung von Gewässern, durch Vergletscherung, Vulkanausbruch oder durch Landhebung vom Hauptverbreitungsgebiet der Art abgetrennt. Zunächst wird sich der Genpool von der isolierten Population kaum vom Genpool der Art im Hauptverbreitungsgebiet unterscheiden. Falls es aber Unterschiede in den klimatischen Bedingungen und anderen selektiven Faktoren zwischen dem abgetrennten Gebiet und dem Hauptgebiet gibt, werden sich die Genfrequenzen durch natürliche Selektion, genetische Drift und Mutation verändern. Das abgetrennte Gebiet ist beispielsweise wärmer und beherbergt eine andere Prädatorart. Dann wird die natürliche Selektion diejenigen Individuen bevorzugen, die am besten an ein wärmeres Klima angepasst sind und den neuen Prädatoren ausweichen können. Aufgrund der unterschiedlichen Selektionsdrucke auf die beiden Populationen werden sie sich nun langsam genetisch auseinanderentwickeln. Es können Veränderungen im Verhalten, in der Physiologie und der Morphologie zwischen den beiden Populationen entstehen, die keine erfolgreiche Fortpflanzung mehr zulassen und somit zur reproduktiven Isolation führen.

Es gibt zahlreiche Beispiele von allopatrischer Artbildung. In den bewaldeten Bergketten der Insel Oahu (Hawaii) konnten 41 endemische Baumschneckenarten der Gattung *Achatinella* nachgewiesen werden (Hadfield 1986). Getrennt durch Bergrücken beherbergte jedes Tal ihre eigene Art von diesen Baumschnecken, die sich von auf Blättern wachsenden Pilzen ernährten. Durch Zerstörung des Lebensraumes, dem Aussetzen von nicht-einheimischen Schneckenprädatoren und übermäßige Sammeltätigkeiten sind in den letzten Jahrzehnten aber über 30 Arten ausgestorben (Kapitel 8).

In den Alpen isolierte die wiederholte Vergletscherung während der Eiszeiten zahlreiche Pflanzen- und Tierarten auf wenigen eisfreien «Inseln». In Perioden zwischen den Eiszeiten konnten sich manche Restpopulationen nur beschränkt wieder ausbreiten. Viele Populationen entwickelten sich während der Isolation zu neuen Arten. Allein in den österreichischen Alpen kommen 103 endemische Pflanzenarten und -unterarten vor, die auf diese Weise entstanden sein dürften (Essl et al. 2009; siehe Exkurs «Endemische Arten», Seite 32).

Sympatrische Artbildung erfolgt ohne geografische Trennung. Im Pflanzenreich ist sympatrische Artbildung durch Chromosomenverdoppelung oder -vervielfachung (**Polyploidie**) häufig. Durch Unregelmäßigkeiten in der Chromosomenpaarung oder -verteilung während der Reduktionsteilung (Meiose) können die Nachkommen doppelte Chromosomensätze haben. Eine Kreuzung von Individuen mit einer unterschiedlichen Anzahl von Chromosomensätzen führt in der Regel zu sterilen Hybriden, die keine normale Meiose mehr durchführen können. Ein polyploider Organismus hat somit über die Verdoppelung des Chromosomensatzes einen reproduktiven Isolationsmechanismus gegenüber den ursprünglichen Individuen aufgebaut. Im Vergleich zur allopatrischen Artbildung ist Polyploidie ein sehr schneller Artbildungsprozess.

Bei **Autopolyploidie** stammen die Gameten von der gleichen Elternart. Autopolyploidie ist beispielsweise beim Mittleren Wegerich (*Plantago media*; Populationen mit Chromosomenzahl 12 und 24) gut untersucht. Bei **Allopolyploidie** stammen die Gameten von verschiedenen Elternarten, die häufig nahe verwandt sind. Allopolyploidie spielt bei der Entstehung von vielen Kulturpflanzen eine wichtige Rolle. Bei Tieren ist Polyploidie seltener, kommt aber bei Arten vor, die sich durch Parthenogenese fortpflanzen, beispielsweise beim Salinenkrebs *(Artemia salina)*.

Sympatrische Artbildung kann auch als Ergebnis einer disruptiven Selektion auftreten, die zwei oder mehr Phänotypen innerhalb einer Population begünstigt. Wenn unterschiedliche Eigenschaften ähnlich gut geeignet sind, um Nahrungsquellen zu erschließen (beispielsweise zwei verschiedene Schnabelformen) oder andere Bedürfnisse zu erfüllen, kann natürliche Selektion auch unterschiedliche Phänotypen innerhalb einer Population begünstigen. Eine Voraussetzung ist allerdings, dass sich Organismen nur mit dem gleichen Phänotyp paaren *(assortative mating)*. Diese Form der Artbildung konnte bisher allerdings nur in wenigen Studien nachgewiesen werden, eine davon bezieht sich auf Landschnecken mit rechts- und linksgewundenen Gehäusen.

Die Entstehung neuer Arten ist normalerweise ein langsamer Prozess, der Hunderte bis Tausende von Generationen erfordert (Ausnahme: Polyploidie). Die Evolution neuer Gattungen und Familien verläuft sogar noch langsamer. Generell ist die Artbildungsrate auf Inseln größer als auf dem Festland. Dies ist unter anderem auf die Isolation der Inseln, den Gründereffekt (siehe oben) und das Fehlen gewisser Selektionsfaktoren zurückzuführen (fehlende Prädatoren, reduzierte Konkurrenz). Ein klassisches Beipiel für Artbildung auf Inseln sind die Darwin-Finken auf den Galapagos-Inseln.

Eine neuentdeckte Form von Lebewesen gilt als wissenschaftliche Art, wenn sie nach den geltenden Nomenklaturregeln beschrieben wurde.

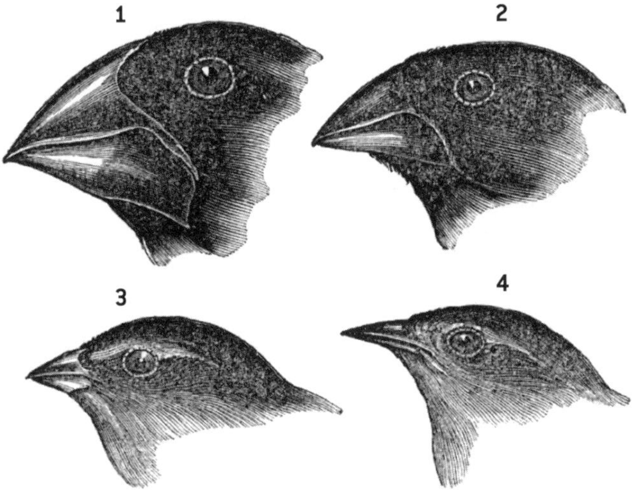

1 *Geospiza magnirostris*
2 *Geospiza fortis*
3 *Geospiza parvula*
4 *Certhidea olivacea*

Abb. 1: Adaptive Radiation bei den Darwin-Finken auf den Galapagos-Inseln. Die unterschiedlichen Schnabelformen sind Anpassungen an verschiedene Nahrungsweisen. Alle Arten gehen auf eine einzige Stammart zurück (aus Darwin 1845, mit Bewilligung von van Wyhe J. (ed.) The Complete Work of Charles Darwin Online, www.darwin-online.org.uk).

Binäre (binomiale) Nomenklatur und Artbeschreibung

Carl von Linné (lateinisch Linnaeus; 1707–1778), ein schwedischer Arzt und Naturwissenschaftler, entwickelte das System der binären Nomenklatur der Pflanzen und Tiere. Der zweiteilige Name setzt sich zusammen aus dem Namen der Gattung, der stets als Nomen mit einem Großbuchstaben beginnt, und einem kleingeschriebenen Epitheton (häufig ein Adjektiv), welches in Kombination mit der Gattung die Art charakterisiert. Jede solche Kombination von zwei Namen darf nur einmal – also nur für eine Art – vergeben werden. Diese Namen entstammen gewöhnlich der lateinischen oder griechischen Sprache. Nichtlateinische Namen werden lateinisiert. So setzt sich beispielsweise der wissenschaftliche Name der Amsel aus den lateinischen Bezeichnungen *turdus* (Gattung Echte Drosseln) und *merula* zusammen und lautet vollständig *Turdus merula* Linnaeus, 1758. Die zur gleichen Gattung gehörende Singdrossel heisst *Turdus philomelos* Brehm, 1831. In der wissenschaftlichen Literatur wird der zweiteilige Artname in kursiver Schrift dargestellt, oft gefolgt vom Autorzitat, d.h. dem Namen (oder Namenskürzel) der Person, welche die erste gültige wissenschaftliche Beschreibung der Art verfasst hat. Darauf folgt noch das Jahr der Veröffentlichung dieser Beschreibung. In der Systematik werden die Gattungen in die nächsthöhere Stufe der Familie zusammengefasst und verschiedene Familien wiederum in die nächsthöhere Stufe der Ordnung. Eine Klasse umfasst verschiedene Ordnungen.

Zur Beschreibung und Benennung von Arten wurden spezielle, weltweit geltende Nomenklaturcodes entwickelt, die sich zwischen Pflanzen (www.ibot.sav.sk/icbn) und Tieren (www.iczn.org) geringfügig unterscheiden. Durch diese Regeln sollten wiederholte Beschreibungen der gleichen Art sowie der Gebrauch desselben Namens für mehr als eine Art vermieden werden. Ein wichtiger Bestandteil einer Artbeschreibung ist das Festlegen eines Referenzexemplars oder -musters (**Holotyp** oder **Holotypus**). Das Typus-Exemplar muss in einem Museum aufbewahrt werden, damit es zu Vergleichszwecken zugänglich ist.

Adaptive Radiation bedeutet die Auffächerung einer wenig spezialisierten Art in viele stärker spezialisierte Arten. Dies erlaubt beispielsweise die Nutzung eines breiteren Spektrums von Nahrungsressourcen. Bekannte Beispiele für die Radiation von Tiergruppen sind wiederum die Darwin-Finken mit ihren unterschiedlichen Schnabelformen (Abb. 1, S. 22) sowie die Kleidervögel auf Hawaii, die Buntbarsche in den großen Seen von Afrika und die marinen Kegelschnecken (Conidae). Diese Schnecken sind hochspezialisierte, nachtaktive Prädatoren, die zum Nahrungserwerb eine Art Harpune benutzen, welche sich aus einem Zahn der Radula (Raspelzunge) entwickelt hat. Durch den nadelspitzen, hohlen Zahn injiziert sie ein Gift ins Beutetier. Es gibt rund 600 rezente Arten von Kegelschnecken. Viele fressen Borstenwürmer; andere sind aber auf Mollusken spezialisiert, wiederum andere jagen ausschließlich Fische oder erbeuten Krabben, denen sie im Sand vergraben auflauern. Alle töten ihre Beute aber mit Gift.

Weiterführende Literatur

Darwin C. (1859) (Übersetzung 1981) Über die Entstehung der Arten. Reclam, Stuttgart.

Steinke D. & Brede N. (2006) DNA-Barcoding: Taxonomie des 21. Jahrhunderts. Biologie unserer Zeit 36: 40–46.

2

Biodiversität verändert sich

Zusammenfassung

Im Laufe der Erdgeschichte entwickelten sich aus einzelligen mehrzellige Organismen und später komplexe Lebewesen. Zahlreiche ursprünglich aus dem Meer stammende Organismengruppen besiedelten das Festland. Generell nahm die gesamte Artenvielfalt auf der Erde mit der Zeit zu, wurde aber durch mehrere Massenaussterbeereignisse zwischenzeitlich wieder reduziert. Momentan erleben wir das größte Massenaussterben, welches je in der Erdgeschichte stattgefunden hat. Im Gegensatz zu den früheren Aussterbeereignissen ist dieses Mal eine einzige Art der Verursacher, nämlich der Mensch. In diesem Kapitel wird auch gezeigt, wie schwierig eine präzise Ermittlung der Zahl der tatsächlich auf der Erde existierenden Arten ist. Zurzeit sind rund 1,8 Millionen Arten bekannt. Viele Gruppen sind bisher aber äußerst lückenhaft erfasst worden. Die Gesamtzahl der Mikroorganismen, Pilze, Pflanzen und Tiere auf der Erde wird auf 10–20 Millionen Arten geschätzt.

Artenvielfalt im Laufe der Erdgeschichte

Der zeitliche Ablauf der Evolution kann anhand von **Fossilien** rekonstruiert werden. Entsprechend der vertikalen Aufeinanderfolge fossilführender Gesteinsschichten lassen sich Gesellschaften vorzeitlicher Lebewesen in eine zeitliche Reihenfolge bringen und mithilfe radiometrischer Methoden kann das Alter der Gesteine bestimmt werden. Das Vorkommen und Alter gewisser Fossilien geben zudem Hinweise, wann im Verlauf der Stammesgeschichte bestimmte Innovationen und Aufsplitterungsereignisse auftraten. Bestimmte gemeinsame Merkmale in Gruppen von Lebewesen legen nahe, dass sie ursprünglich von einer Art (oder einem Genpool) abstammen. Mit verschiedenen Ansätzen (vergleichende Anatomie, Morphologie, molekulare Techniken) können Verwandtschaftsverhältnisse sowohl zwischen Arten als auch zwischen taxonomischen Gruppen untersucht werden. Mithilfe molekularer

Schätzungen *(molecular clock)* lassen sich die Zeitpunkte gewisser Ereignisse auch berechnen.

Das Alter der Erde wird auf 4,5 Milliarden Jahre geschätzt. Die frühesten Fossilien von lebenden Organismen – einfache Bakterien – stammen aus ca. 3,5 Milliarden altem Gestein. In den nächsten 3 Milliarden Jahren entfaltete sich das Leben vorwiegend im Wasser. Die ersten Eukaryoten entstanden vermutlich vor 2 Milliarden Jahren. Aus Einzellern entwickelten sich Zellkolonien und schließlich mehrzellige Organismen.

Die **Landbesiedelung**, d.h. die Anpassungen von aquatischen Lebewesen an eine terrestrische Lebensweise, fand wiederholt und unabhängig voneinander in verschiedenen Gruppen wie Einzellern, Pilzen, Pflanzen, Schnecken und Wirbeltieren statt (Little 1990). Durch fossile Belege relativ gut dokumentiert ist die Landbesiedelung der Pflanzen vor ca. 460–480 Millionen Jahren (im Devon; Tabelle 2). Die Urfarne traten vor etwa 400 Millionen Jahren auf, erreichten schnell eine große Vielfalt, starben aber später wieder aus. Andere Farnarten übernahmen ihre Nischen. Die Gymnospermen (Nacktsamer) wurden erstmals in Gesteinen des Devons gefunden und wiesen während des Mesozoikums eine größere Vielfalt auf als heute. Die Gymnospermen erlebten in den letzten 100 Millionen Jahren einen Rückgang, als die Angiospermen (Bedecktsamer) eine große Artenvielfalt entwickelten. Heute gibt es etwa 800 Gymnospermen-Arten, aber rund 240 000 Angiospermen-Arten. Durch fossile Belege gut abgesichert ist die Landbesiedelung der Wirbeltiere (Tetrapoden) während des Devons, d.h. der evolutionäre Übergang von Fischen zu den Vorformen der heutigen Amphibien (Tabelle 2, S. 28–29).

Bei der Betrachtung der Evolution verschiedener Organismengruppen muss auch berücksichtigt werden, dass die Landmasse (die späteren Kontinente) im Verlauf der Erdgeschichte sich in der Lage auf der Erdkugel, in der Größe (durch Schwankungen im Meeresspiegel) sowie im Ausmaß der Isolation einzelner Teile verändert hat (Abb. 2). Im Zeitraum, als die Landbesiedelung von zahlreichen Gruppen stattfand, gab es eine einzige Landmasse (Pangaea). Später, als die Dinosaurier verbreitet waren, trennte sich Pangaea durch plattentektonische Kräfte in Laurasien und Gondwana auf. Die nachfolgende Isolation der Kontinente trug wesentlich zur Entwicklung einzelner Gruppen bei. Ein gutes Beispiel dafür ist der Inselkontinent Australien. Nach der Auflösung Gondwanas in die einzelnen Erdteile driftete die australische Platte lange Zeit weitgehend isoliert in östlicher Richtung. Ein Kontinente übergreifender Artenaustausch konnte nicht mehr stattfinden. In der Isolation Australiens konnten so Organismengruppen überdauern, die sonst fast überall ausgestorben sind, wie etwa die Kloakentiere (Protheria). Auch die Beuteltiere (Metatheria) konnten hier überleben und entwickelten sich zu einer artenreichen Gruppe, während es mit Ausnahme weniger Arten in Amerika auf der Erde sonst keine Vertreter dieser einstmals weit verbreiteten Gruppe mehr gibt.

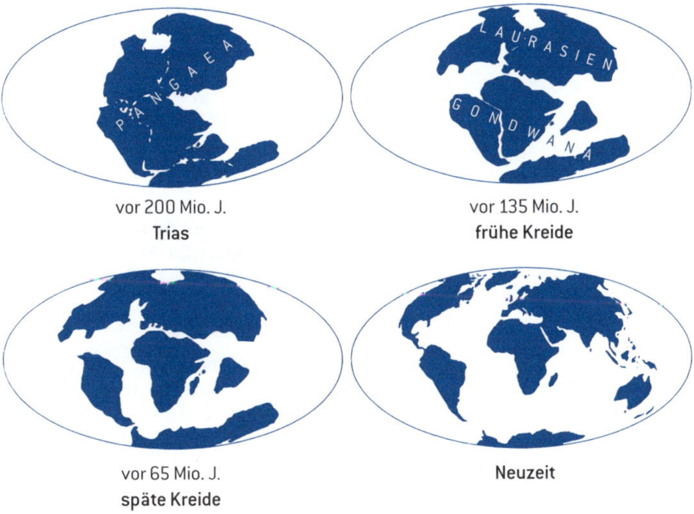

Abb. 2: Anordnung der Landmasse in der Trias, frühen und späten Kreidezeit sowie in der Neuzeit (nach Cloud 1978).

Fossilien belegen die Zu- und Abnahmen in der Diversität einzelner Gruppen. Neue Arten haben sich entwickelt, viele sind auch wieder ausgestorben. In Organismengruppen, über die aufgrund von Fossilfunden ausreichende Erkenntnisse vorliegen, ist die Artenzahl seit ihrem ersten Auftreten meistens angestiegen. Die heute lebenden Pflanzen- und Tierarten machen – je nach Schätzung – weniger als 1 % bis maximal 4 % der Arten aus, die jemals auf der Erde gelebt haben. Das Aussterben einer Art ist demnach ein fast ebenso häufiges Ereignis in der Erdgeschichte wie das Erscheinen einer neuen. Es gab aber auch Phasen der Abnahme der Diversität. Aufgrund der Fossilienfunde konnten in der Vergangenheit

Zeitalter (Dauer in Mio. J.)	Periode	Beginn vor Mio. J.	Epoche	Pflanzen- und Tierwelt (nach Fossilbelegen)
Känozoikum (70) = Erdneuzeit	Quartär	2	Holozän = Alluvium = Jetztzeit	Heutige Vielfalt der Arten
			Pleistozän = Diluvium = Eiszeit	Wechsel von Eis- und Zwischeneiszeiten bewirken Aussterben vieler Großsäuger, Entwicklung des Menschen
	Tertiär	65	5,1 Pliozän	Heutige Gattungen der Säugetiere
			24,6 Miozän	Entfaltung der grasfressenden Säugetiere
			38,0 Oligozän	Ursprung der heutigen Säugetierfamilien
			54,9 Eozän	Entstehung der heutigen Säugetierordnungen
			65,0 Paläozän	Beginn der Radiation der Säuger, Vögel, Angiospermen, bestäubende Insekten
Mesozoikum (155) = Erdmittelalter	Kreide	144		Entfaltung der Angiospermen, verschiedene Vogelordnungen vorhanden, älteste Kloaken- und Beuteltiere sowie plazentale Säuger. Aussterben der Dinosaurier und Ammoniten am Ende der Periode
	Jura	213		ursprüngliche Säugetierformen, Gymnospermen und Reptilien dominant, Archaeopteryx, Radiation der Ammoniten
	Trias	248		älteste Säugetiere, erste Dinosaurier, Schildkröten, Ichthyosaurier

Zeitalter (Dauer in Mio. J.)	Periode	Beginn vor Mio. J.	Epoche	Pflanzen- und Tierwelt (nach Fossilbelegen)
Paläozoikum (345) = Erdaltertum	Perm	286		Reptilien werden zu den dominierenden Wirbeltieren, verschiedene Insektenordnungen vorhanden
	Karbon	360		Amphibien dominant, erste Reptilien, erste flugfähige Insekten
	Devon	408		Divergenz der Fische, erste Gymnospermen, erste Amphibien, erste landbewohnende Gefässpflanzen (Urfarne)
	Silur	438		Pflanzen und Insekten auf Land
	Ordovizium	505		Beginn der Landbesiedlung durch Pflanzen
	Kambrium	570		alle Wirbellosenstämme bereits vorhanden, Vorherrschaft der Trilobiten, vielfältige Algen
Prä-Kambrium		800		niedere Pflanzen und Tiere

Tabelle 2: Entwicklung der Artenvielfalt im Verlauf der Erdgeschichte

mindestens sechs Aussterbeereignisse, die sich innerhalb bestimmter Erdepochen auf relativ kurze Zeitabschnitte konzentrierten, dokumentiert werden (Abb. 3). Ein solches Massenaussterben ereignete sich beispielsweise am Ende des Perms vor rund 250 Millionen Jahren. Damals verschwanden in den marinen Flachwasserbereichen rund 90 % aller Wirbellosen. Ein weiteres Massenaussterben gab es am Ende der Kreidezeit vor rund 65 Millionen Jahren, als die Dinosaurier verschwanden. Heute befinden wir uns mitten in einem weiteren Massenaussterben. Es wird geschätzt, dass im 21. Jahrhundert zwischen 10 000 und 25 000 Arten jährlich auf der Erde aussterben; dies entspricht ein bis drei Arten pro Stunde. Das Artensterben verläuft gegenwärtig mindestens tausend Mal schneller als jemals zuvor in der Erdgeschichte. Zudem wird im Unterschied zu den früheren Ereignissen das jetzige Massenaussterben durch eine einzelne Art verursacht, nämlich durch den Menschen. Die Ursachen für das zurzeit stattfindende Massenaussterben werden detailliert in Kapitel 8 behandelt.

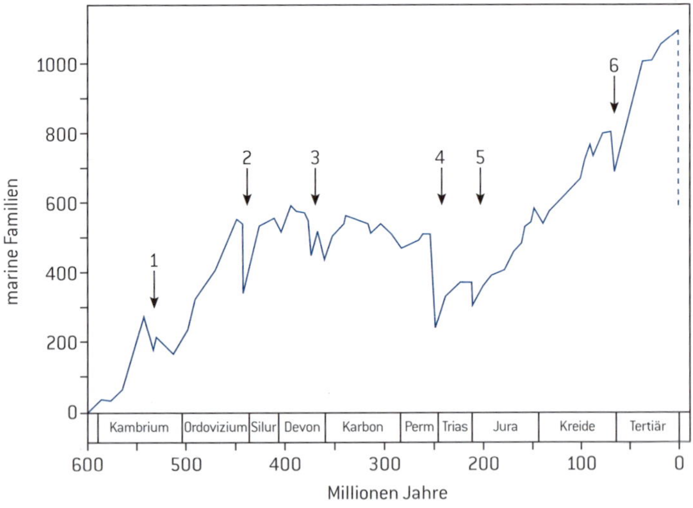

Abb. 3: Die Zahl der Familien mariner Tiere hat im Lauf der Erdgeschichte zugenommen, wurde aber mehrmals durch Perioden massenhaften Artensterbens reduziert (beziffert mit 1 bis 6). Die aktuelle Reduktion (gestrichelt) ist nicht mit Fossilien belegt (ergänzt nach Erwin 1998).

Nach jedem Massenaussterben waren freie ökologische Nischen vorhanden, die die Entwicklung und Entfaltung (Radiation) anderer Organismengruppen ermöglichten oder sogar beschleunigten. So konnten die landlebenden Säugetiere nach dem Aussterben der Dinosaurier die frei werdenden Nischen besetzen und eine sehr große Artenvielfalt entwickeln.

Veränderung der Biodiversität in neuester Zeit

Die **globale Klimaerwärmung** wird die regionale Biodiversität in kurzer Zeit verändern (Kapitel 8). Der Klimawandel verändert sowohl die Verbreitung von Arten als auch die Entwicklungsgeschwindigkeit der Individuen, die aus diesem Grund jahreszeitlich früher erscheinen und zum Teil mehr Generationen pro Jahr bilden (z.B. Schmetterlinge). Viele Arten zeigen eine Tendenz zur Ausbreitung in höhere Lagen. Im Alpenraum wird der Lebensraum für Arten der nivalen Hochgebirgsstufe kleiner, während sich derjenige der aus dem Tiefland und unteren Höhenlagen eingewanderten Arten nach oben ausdehnt. Insgesamt wird mit zunehmenden Temperaturen, welche ein besseres Überleben im Winter sowie eine stärkere Vermehrung und erhöhte Einwanderung im Sommer ermöglichen, die Anzahl neuer Arten in den Alpen zunehmen. Diese Arten dürften aber in ihrem Herkunftsgebiet meist noch häufig sein. In den Alpen und in anderen Gebirgen werden jedoch gefährdete Arten verloren gehen. Dies sind kälteadaptierte Endemiten (siehe Exkurs: Endemische Arten), die ihre ökologische Nische verlieren, oder konkurrenzschwache Arten, die von einwandernden Arten verdrängt werden. Diese Verluste – auch wenn sie vergleichsweise eher wenige Arten betreffen – sind qualitativ gravierender für die weltweite Biodiversität als die lokalen quantitativen Gewinne durch die zahlreichen Einwanderer.

Endemische Arten

Eine Art, die nur in einem einzigen Gebiet vorkommt, bezeichnet man als in diesem Gebiet endemisch (= Endemit). Manche Arten sind nur in einem sehr kleinen Gebiet anzutreffen, z.B. auf einer Insel, in einem Vulkankrater, auf einem Berggipfel oder in einem See, während andere Arten in einem sehr großen Gebiet endemisch sind (z.B. in Australien oder Südamerika).

Beispiele für Endemiten mit geschätzter Arealgröße:

- Österreichische Miere *(Minuartia austrica)*, eine Pflanze in den Ostalpen: mehrere 100 km^2
- Komodo-Waran *(Varanus komodoensis)*, Riesenechse auf vier kleinen Inseln im Indonesischen Archipel: mehrere 10 km^2
- Schweizer Goldschrecke *(Podismopsis keisti)*, eine Heuschreckenart auf Kalkfelsrasen im Churfirsten-Gebirge, Schweiz: wenige km^2
- *Canariella jandiaensis*, eine Schneckenart in Felshängen des Jandia-Gebirges auf Fuerteventura, Spanien: weniger als 1 km^2

(Quellen: Alonso et al. 2006; Sauberer et al. 2008)

Da Endemiten einmalig und unersetzbar sind, haben Staaten mit endemischen Arten eine besonders hohe Verantwortung für deren Erhaltung und Schutz.

Die in den letzten Jahrhunderten gestiegene Mobilität und der globalisierte Handel führen immer häufiger zum Auftreten von nicht-einheimischen Arten. Ein großer Teil dieser nicht-einheimischen Arten stirbt am neuen Standort bald wieder aus. Häufig ist es auch so, dass wenige Individuen für längere Zeit an einem Ort überdauern, aber kein erkennbares Populationswachstum zeigen. Einige nicht-einheimische Arten vermehren sich am neuen Standort stark und vergrößern ihr Areal auf Kosten der einheimischen Arten (Kapitel 8). Diese sogenannten **invasiven Arten** wirken sich nachteilig auf die ursprüngliche Biodiversität aus, verursachen wirtschaftliche Schäden und/oder schädigen den Menschen gesundheitlich. In der Regel erhöhen eingeführte Arten nicht die lokale Biodiversität, sondern reduzieren die Vielfalt.

Wie viele Arten gibt es?

Unsere Kenntnisse über die einzelnen Artengruppen sind sehr unterschiedlich. Große, auffällige Organismen und solche von wirtschaftlicher oder medizinischer Bedeutung (Schädlinge, Krankheitserreger) sind relativ gut erforscht. Riesige Wissenslücken gibt es hingegen bei kleinen, eher unscheinbaren Organismen und solchen, die Lebensräume bewohnen, welche für Menschen schwer zugänglich sind (Boden, Tiefsee, Kronendach des tropischen Regenswaldes). Momentan sind etwa 1,8 Millionen Arten bekannt (Tabelle 3, S. 35). Bei den Pflanzen dürfte ein großer Teil der Arten entdeckt und beschrieben sein. Bei den Mikroorganismen (Prokaryoten), Pilzen und verschiedenen Gruppen von wirbellosen Tieren (Würmern, Milben, Insekten) ist hingegen nur ein Bruchteil der zu erwartenden Arten wissenschaftlich beschrieben. So wird beispielsweise angenommen, dass bisher nur etwa 1 % der Mikroorganismenarten bekannt ist. Die tatsächliche Zahl aller auf der Erde existierenden Arten kann deshalb nur geschätzt oder hochgerechnet werden. Mit unterschiedlichen Ansätzen wurden Schätzwerte von 5 Millionen bis über 100 Millionen Arten ermittelt (Streit 2007, Nentwig et al. 2009). Zur weiten Streuung dieser Schätzwerte tragen einerseits die große Unsicherheit in der Zahl der Mikroorganismen bei und andererseits die vielen Insektenarten, die in den Baumkronen tropischer Regenwälder leben, aber noch weitgehend unbekannt sind. Werden die neueren Schätzungen betrachtet, können wir davon ausgehen, dass auf der Erde die Gesamtzahl der Mikroorganismen, Pilze, Pflanzen und Tiere in der Größenordnung von 10 bis 20 Millionen Arten liegen dürfte.

Die 1,8 Millionen bekannten Arten bedeuten, dass bisher jede fünfte bis zehnte Art entdeckt und beschrieben wurde. Derzeit werden jährlich etwa 15 000 neue Arten wissenschaftlich erfasst. Bei derselben Arbeitsgeschwindigkeit würde es 120 Jahre dauern, bis weitere 1,8 Millionen beschrieben sind. Unter Berücksichtigung der momentan hohen Aussterberate ist es daher kaum vorstellbar, dass die vielen Millionen noch zu entdeckenden Arten mit den derzeitigen Möglichkeiten je wissenschaftlich beschrieben werden. Die großen Kenntnislücken sind teilweise auch auf das Fehlen von Fachleuten für die Systematik und Taxonomie bestimmter Organismengruppen zurückzuführen (siehe Kapitel 9).

In Anbetracht der großen Kenntnislücke über den weltweiten Artenreichtum ist es kaum erstaunlich, dass die meisten Staaten nur über grob geschätzte Werte für die Größe ihrer heimischen Artenvielfalt verfügen. Die Gründe hierfür liegen vor allem in einer nur lückenhaften Erfassung

Domäne Bacteria (Bakterien) (5000)

Domäne Archaea (Archaebakterien) (80)

Domäne Eucarya (Eukaryoten) (1 801 000)

- Myxobionta (Schleimpilze, Myxamöben) (700)
- Heterokontobionta (Netzschleimpilze, Gold-, Kiesel-, Braunalgen) (14 000)
- Mycobionta (Chitinpilze, Flechten) (111 000)
- Rhodobionta (19 000)
  - Rhodophyta (Rotalgen) (4000)
  - Dinophyta/Dinoflagellata (Dinoflagellaten) (4000)
  - Apicomplexa (Endoparasiten) (2500)
  - Ciliophora (Wimperntiere) (8000)
- Chlorobionta («Grünpflanzen») (300 000)
  - Chlorophyta (Grünalgen) (7000)
  - Euglenophyta/Euglenozoa (800)
  - Streptophyta (292 000)
    - Streptophytina (Grünalgen) (6000)
    - Bryophytina (Moose) (24 000)
    - Pteridophytina (Bärlappe, Schachtelhalme, Farne) (11 300)
    - Spermatophytina (Samenpflanzen) (251 000)
      - Cycadopsida (Palmfarne) (140)
      - Coniferopsida (Nadelbäume) (530)
      - Magnoliopsida (Blütenpflanzen) (250 000)
- Protozoa (tierische Einzeller) (1000)
- Metazoa (mehrzellige Tiere) (1 355 000)
  - Porifera (Schwämme) (8000)
  - Coelenterata (Hohltiere) (8600)
  - Bilateria (Zweiseitentiere) (1 338 000)
    - Spiralia (Spiralfurcher) (1 251 000)
      - Plathelminthes (Plattwürmer) (16 000)
      - Nemertini (Schnurwürmer) (900)
      - Mollusca (Weichtiere) (100 000)
      - Annelida (Ringelwürmer) (18 000)
      - Arthropoda (Gliederfüsser) (1 115 000)
        - Onychophora (Stummelfüsser) (160)
        - Tardigrada (Bärtierchen) (600)
        - Chelicerata (Spinnentiere) (60 000)
        - Crustacea (Krebse) (40 000)
        - Myriapoda (Tausendfüsser) (13 000)
        - Insecta (Insekten) (1 000 000)
    - Nemathelminthes (Schlauchwürmer) (20 000)
    - Tentaculata (Rippenquallen) (5000)
    - Deuterostomia (Neumünder) (62 000)
      - Echinodermata (Stachelhäuter) (6300)
      - Chordata (Manteltiere, Wirbeltiere) (55 000)

Tabelle 3: Weltweit wurden bisher rund 1,8 Millionen Arten von Organismen beschrieben (nach Westheide & Rieger (2007), Bresinsky et al. (2008) und Nentwig et al. (2009)).

und wissenschaftlichen Beschreibung vieler Tiergruppen (vor allem bei den Wirbellosen). In den folgenden Vergleichen sind die Mikroorganismen nicht berücksichtigt. In Deutschland einschließlich seiner marinen Küstengebiete wurden bisher Vertreter von 48 000 Tierarten und 28 000 Pilz- und Pflanzenarten nachgewiesen (Völkl et al. 2004, www.bfn.de). Für Österreich ergab eine vorläufige Schätzung etwa 46 000 Tierarten und 21 000 Arten von Pilzen und Pflanzen (Sauberer et al. 2008). In der Schweiz sind bisher rund 30 000 Tierarten und 19 000 Pflanzen- und Pilzarten bekannt (Baur et al. 2004). Laut einer Schätzung dürfte die Schweiz aber 43 000 Tierarten und 27 000 Arten von Pilzen und Pflanzen beherbergen (Duelli 2004). Trotz der deutlich kleineren Flächen und des Fehlens mariner Lebensräume weisen Österrreich und die Schweiz eine ähnlich hohe Artenvielfalt wie Deutschland auf. Große Teile der beiden Binnenländer bestehen aus Gebirge mit ausgeprägten Höhengradienten und einer großen Zahl an verschiedenartigen Lebensräumen sowie einem Mosaik von kleinräumigen, extensiv bewirtschafteten Flächen. Zudem gehört in beiden Ländern der Norden dem mitteleuropäischen Klimatyp an, während der Süden bereits unter submediterranem Einfluss steht. Diese Faktoren können die Artenvielfalt wesentlich beeinflussen (Kapitel 4).

Weiterführende Literatur

Streit B. (2007) Was ist Biodiversität? Erforschung, Schutz und Wert biologischer Vielfalt. C.H. Beck Verlag, München.

3 Biodiversität erfassen

Zusammenfassung
Nicht alle Arten kommen gleich häufig vor: In den meisten Lebensgemeinschaften kommen wenige Arten mit sehr vielen Individuen vor, während zahlreiche Arten nur durch wenige Individuen vertreten sind (die sogenannten seltenen Arten). Bei einer quantitativen Erfassung der Biodiversität sollten deshalb neben der Artenvielfalt auch die relativen Häufigkeiten der einzelnen Arten berücksichtigt werden. Diversitätserhebungen basieren in der Regel auf Stichproben. Dabei ist ersichtlich, dass je mehr Stichproben untersucht werden, desto mehr Arten gefunden werden. Mithilfe eines mathematischen Verfahrens (rarefaction) kann jedoch die totale Anzahl Arten einer Lebensgemeinschaft oder eines Gebietes geschätzt werden. Da Biodiversitätserhebungen zeitaufwendig und personalintensiv sind, werden häufig direkte oder indirekte Biodiversitätsindikatoren beigezogen. Direkte Indikatoren bestehen meistens aus der Artenvielfalt einer Gruppe oder mehreren Gruppen (z.B. Gefäßpflanzen, Tagfalter, Heuschrecken). Indirekte Biodiversitätsindikatoren können auf Fernerkundungsdaten wie Vegetationstyp und Landnutzungsart aufbauen. Veränderungen in der Biodiversität werden auch oft aus einer Kombination von indirekten Indikatoren wie Veränderungen in der Gefährdung von bestimmten Arten (Rote Listen), Flächenbilanz wertvoller Biotope oder Totalfläche aller Naturschutzgebiete abgeleitet.

Arten sind nicht gleich häufig

Bei einer quantitativen Erfassung der biologischen Vielfalt müssen verschiedene Eigenschaften der Organismen und Lebensgemeinschaften mitberücksichtigt werden. Bei der Artenvielfalt ist offensichtlich, dass die unterschiedlichen Körpergrößen der Organismen, ihre Sichtbarkeit zum Zeitpunkt des Erfassens (blühende Pflanze oder Knolle im Boden) sowie die Häufigkeit (bzw. Seltenheit) der Arten von großer Bedeutung sind. Größere Organismen – Gefäßpflanzen, Säugetiere, Vögel, Fische – lassen sich in der Regel einfach lokalisieren und auch gut identifizieren. Je kleiner die Pflanzen- und Tierarten aber sind, desto schwieriger wird es sein, sie zu erfassen. So dürften Arten mit kleinen Individuen häufiger übersehen werden als Arten mit großen Individuen.

In einer Lebensgemeinschaft sind nicht immer alle Arten gleichzeitig erfassbar. Bei einer Vegetationsaufnahme im Sommer sind die meisten Frühblüher – wie das Buschwindröschen *(Anemone nemorosa)* und der Bärlauch *(Allium ursinum)* – nicht mehr sichtbar. Um diese Fehlerquelle zu minimieren, sollten mindestens drei über die Vegetationszeit verteilte Feldaufnahmen vorgenommen werden. Noch schwieriger zu erfassen sind Pflanzenarten, die nicht jedes Jahr einen vegetativen Spross oder eine Rosette bilden (z.B. Orchideen) oder nur als Samen in der Samenbank vorkommen.

Eine weitere Schwierigkeit bei der quantitativen Erfassung der Vielfalt einer Lebensgemeinschaft hat mit der Seltenheit vieler Arten zu tun. In der Regel kommen in einer Lebensgemeinschaft einige wenige Arten mit zahlreichen Individuen vor, während die meisten Arten nur durch ein paar Individuen vertreten sind. Das Letztere kann zwei Ursachen haben: Die mit nur wenigen Individuen vorgefundenen Arten können ihren typischen Lebensraum woanders haben oder diese Arten sind auch in geeigneten Lebensräumen nur mit wenigen Individuen vertreten. Zahlreiche Untersuchungen zeigen, dass viele Arten auf der Erde selten sind. Somit gibt es in den meisten Lebensgemeinschaften keine Gleichverteilung der Arten *(evenness)*. Die ungleiche Häufigkeitsverteilung gilt auch, wenn die Häufigkeit der Arten bezogen auf ganze Regionen betrachtet wird.

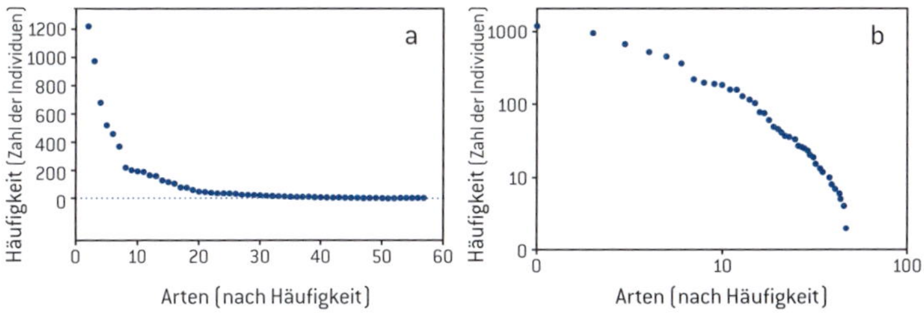

Abb. 4: Lineare (a) und doppellogarithmische Darstellung (b) der Häufigkeitsverteilung einer Landschneckengesellschaft in einem Felsgebiet in den Jurabergen. Die erfassten 6490 Individuen gehörten 56 verschiedenen Arten an (Daten aus Baur et al. 2005).

Die Abbildung 4 zeigt die Häufigkeiten von Landschneckenarten in einem Felsgebiet in den Jurabergen. Insgesamt wurden 6490 Individuen auf die Art bestimmt. Von den 56 nachgewiesenen Arten kamen nur sechs Arten mit einer Häufigkeit von mehr als 5 % bzw. mehr als 325 Individuen vor. Die häufigste Art war mit 1212 Individuen vertreten, was 18,8 % der erfassten Individuen bedeutet. Im Gegensatz dazu wurden bei 39 Arten jeweils weniger als 1 % der Gesamtindividuen gefunden. Die exponentielle Abnahme der Häufigkeit (Abb. 4a) sieht in der doppellogarithmischen Darstellung annähernd linear aus (Abb. 4b). Das von dieser Landschneckengesellschaft erhaltene Bild ist typisch für die meisten Lebensgemeinschaften: Neben wenigen häufigen Arten kommen viele seltene Arten vor. Reine Artenlisten von Lebensgemeinschaften haben eine geringe wissenschaftliche Aussagekraft, enthalten sie doch keine Information über die Häufigkeiten der einzelnen Arten. Zu verschiedenen Zeitpunkten erhobene Artenlisten lassen deshalb nur beschränkte Interpretationen zum Verschwinden von Arten bzw. Auftauchen neuer Arten zu.

Seltenheit

Es gibt verschiedene Formen von Seltenheit. Eine Art kann als selten bezeichnet werden, wenn sie nur ein kleines Verbreitungsgebiet hat. Viele Arten mit kleinem Areal leben auf Inseln oder in isolierten Lebensräumen, etwa auf hohen Berggipfeln oder in Teichen. Manche Arten hatten seit jeher ein kleines Areal, andere waren früher weit verbreitet, und ihr Verbreitungsgebiet ist infolge menschlicher Aktivitäten, etwa durch Zerstörung ihrer Lebensräume, geschrumpft (Kapitel 8). Auch Arten, die nur in einem speziellen Lebensraum vorkommen (sogenannte Spezialisten) können selten sein. Schließlich gelten Arten als selten, die stets in kleinen Populationen anzutreffen sind. Rabinowitz (1981) teilte die Gefäßpflanzenarten nach drei Kriterien der Seltenheit ein: (1) geografische Verbreitung (großes oder kleines Areal), (2) Lebensraumbindung (gering oder ausgeprägt), (3) Populationsgröße (kleine Populationen oder große Populationen). Die Kombination der drei Kriterien ergibt somit acht verschiedene Möglichkeiten (Tabelle 4). Dabei ist allerdings zu beachten, dass eine Möglichkeit (großes Areal, geringe Lebensraumbindung und große Populationen) nicht eine seltene, sondern eine häufige Art charakterisiert. Das Schema mit den verschiedenen Formen der Seltenheit wurde auch bei einigen Tiergruppen angewendet.

geografische Verbreitung	großes Areal		kleines Areal	
Lebensraumbindung	gering	ausgeprägt	gering	ausgeprägt
kleine Populationen	Wanderfalke *(Falco peregrinus)*	Sonnentau *(Drosera rotundifolia)*	Zypresse *(Cupressus sempervirens)*	Grosser Panda *(Ailuropoda melanoleuca)*
große Populationen	Amsel *(Turdus merula)*	Schilf *(Phragmites australis)*	Erika *(Erica carnea)*	Alpendohle *(Pyrrhocorax graculus)*

Tabelle 4: Beispiele für verschiedene Formen der Seltenheit auf der Basis von geografischer Verbreitung, Lebensraumbindung *(habitat specificity)* und Größe der Populationen (nach Nentwig et al. 2004, vereinfacht).

Artensummenkurve

Die Artenvielfalt *(species richness)* ist das einfachste Maß für die biologische Vielfalt einer Lebensgemeinschaft, eines Gebietes oder einer Region. Wie lässt sich aber dieser Artenreichtum messen? In den meisten Fällen ist es nicht möglich, in einer Lebensgemeinschaft jedes einzelne Individuum zu finden und als eine bestimmte Art zu identifizieren. Wir können aber Teile einer Lebensgemeinschaft oder eines Gebietes untersuchen, Stichproben nehmen, und aus diesen den gesamten Artenreichtum schätzen. Dabei stellt sich jedoch ein Problem: Je mehr Stichproben wir untersuchen, desto mehr Arten werden gefunden (Abbildung 5). Dies ist leicht zu erklären: Bei den ersten Stichproben sind die häufigsten Arten vertreten sowie einige wenige seltene Arten. Mit jeder zusätzlichen Stichprobe können weitere seltene Arten nachgewiesen werden. Die **Artensummenkurve** gibt die Gesamtzahl der in der Bestandserhebung angetroffenen Arten wieder, wenn zusätzliche Stichproben zu den bereits erhobenen Proben hinzukommen (Abb. 5). Zu Beginn der Stichprobenerhebung steigt die Kurve durch die Erfassung von häufigen Arten relativ steil an. Mit weiteren Stichproben kommen nur noch seltene Arten dazu. Deshalb flacht die Artensummenkurve ab, bis ab einer bestimmten Anzahl von Stichproben eine Asymptote erreicht wird, da keine weiteren neuen Arten mehr dazukommen. Die Asymptote zeigt die Artendiversität der Lebensgemeinschaft oder des Gebietes auf, während die Anzahl der Stichproben, bei der die Asymptote erreicht wird, die optimale Zahl der Stichproben angibt.

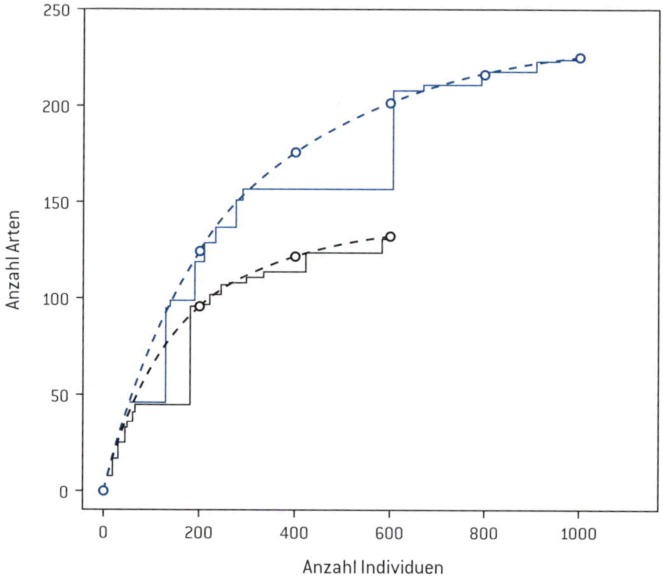

Abb. 5: Artensummen- und *Rarefaction*-Kurven (gestrichelte Linien) von Nachtfaltern in extensiv bewirtschafteten Wiesen (blau) und im aufkommenden Birkenwald auf brachliegenden Wiesen (schwarz) in Siebenbürgen, Rumänien. In beiden Lebensraumtypen wurden an je vier Standorten jeweils während 7 Nächten Falter mit Lichtfallen angelockt (d.h. gleicher Sammelaufwand). Auf den Wiesen wurden insgesamt 607 Individuen und im Birkenwald 1047 Individuen gefangen. Je mehr Individuen gefangen werden, desto grösser ist die Anzahl der nachgewiesenen Falterarten. Die *Rarefaction*-Kurven zeigen aber, dass sich die beiden Lebensräume auch deutlich in der Nachtfaltervielfalt unterscheiden, wenn gleich viele Individuen betrachtet werden (z.B. je 500 Falter; Daten aus Baur et al. 2006).

In den meisten Untersuchungen wird die optimale Stichprobengröße nicht erreicht. Mithilfe von mathematischen Verfahren kann aber die Asymptote und damit die Artenvielfalt geschätzt werden (Magurran 2004). Mit der sogenannten **Rarefaction-Methode** kann die Arten-Häufigkeits-Verteilung in Abhängigkeit vom Erfassungsaufwand dargestellt werden (Abb. 5). Dieses Verfahren erlaubt auch einen Vergleich der Artenvielfalt von zwei (oder mehreren) Lebensräumen, die mit unterschiedlichem Sammelaufwand bearbeitet wurden, oder die sehr große Unterschiede in der Anzahl der erfassten Organismen aufweisen.

Biodiversität auf Artniveau besteht also einerseits aus der Anzahl verschiedener Arten und andererseits aus der Häufigkeitsverteilung der Arten (d.h. wie viele Individuen von jeder Art vorkommen). Es wurden viele Methoden zur Berechnung von Diversität vorgeschlagen, bei denen diese beiden Formen von Information in einem **Biodiversitätsindex** kombiniert werden (Exkurs Shannon-Weaver Diversitätsindex). Die verschiedenen Methoden erbringen in der Regel ähnliche Ergebnisse, doch werden einige stärker von der Häufigkeit sehr seltener Arten oder vom Stichprobenumfang beeinflusst als andere. Diversitätsindizes sind analytische Werkzeuge, die nützlich zum Vergleich von Lebensgemeinschaften sind, aber nicht für die Charakterisierung der Biodiversität angewendet werden sollten.

Shannon-Weaver Diversitätsindex

Das Maß, das am häufigsten benutzt wird, um sowohl den Artenreichtum als auch die relative Häufigkeit der Arten einer Lebensgemeinschaft oder eines Lebensraumes zu bewerten, ist der Diversitätsindex nach Shannon oder Shannon-Weaver. Dieser Index (H_S) wird berechnet, indem für jede Art der Anteil an Individuen (p_i der *i*-ten Arten) bestimmt wird, den die Art zur Gesamtheit der Probe beiträgt (die Summe aller p_i ist 1). Wenn *S* die Zahl der im untersuchten Lebensraum vorkommenden Arten ist, dann beträgt der Shannon-Weaver-Index

$$H_S = -\sum p_i \ln p_i$$

Das Summenzeichen $\sum$ bedeutet, dass das Produkt ($p_i \ln p_i$) für jede der *S* Arten einzeln berechnet und die Produkte anschließend aufsummiert werden. Die Summe hat immer ein Minus-Zeichen. Um einen positiven Wert zu erhalten, wird sie mit –1 multipliziert. Je größer H_S ist, desto mehr Arten sind vorhanden, beziehungsweise desto gleichmäßiger sind die Individuen auf die Arten verteilt.

Die gleiche Formel kann auch zur Schätzung der genetischen Vielfalt innerhalb einer Population beigezogen werden (p_i ist dann die relative Häufigkeit des *i*-ten Allels).

Biodiversität auf verschiedenen geografischen Skalen

Die Diversitätsindizes erlauben auch einen Vergleich der Artendiversität auf verschiedenen geografischen Skalen. Die Anzahl Arten in einem Lebensraum wird als **Alpha-Diversität** *(local diversity)* bezeichnet, wenn einzelne Lebensgemeinschaften oder Gilden betrachtet werden. Alpha-Diversität entspricht dem Begriff «Artenreichtum» und lässt sich zum Vergleich der Artenzahlen eines Lebensraumtyps in verschiedenen Untersuchungsgebieten oder Sammelstellen heranziehen. Die Alpha-Diversität ist flächen- oder typenbezogen (z.B. Alpha-Diversität eines Hochmoors oder einer Spinnengesellschaft). Die Alpha-Diversität kann auch auf die Vielfalt von Genen, funktionellen Gruppen (z.B. in einer Lebensgemeinschaft) oder Ökosystemen (z.B. in einem Landschaftsausschnitt) bezogen werden.

Beta-Diversität *(diversity turnover)* bezeichnet das Ausmaß, in welchem sich die Artenzusammensetzung entlang eines Umweltgradienten verändert. Die Beta-Diversität ist beispielsweise hoch, wenn sich die Artenzusammensetzung der Flechtengesellschaft von einem ländlichen Gebiet am Stadtrand mit abnehmender Distanz zum Stadtzentrum verändert, und sie ist gering, wenn die gleichen Arten vom ländlichen Gebiet bis ins Stadtzentrum vorkommen.

Die **Gamma-Diversität** *(regional diversity)* bezieht sich auf die Artenzahl in einer großen geografischen Region, etwa einer Landschaft, die aus verschiedenen Lebensräumen mit unterschiedlichen Umweltbedingungen besteht. Die Gamma-Diversität ist immer größer als die Alpha-Diversität, wird doch die Diversität aus verschiedenen Lebensräumen zusammengefasst.

Qualitative Biodiversitätsindikatoren

Es gibt kaum Studien, bei denen sämtliche Pflanzen- und Tiergruppen zur Erfassung der Biodiversität eines Gebietes berücksichtigt wurden. Bestimmte Organismengruppen werden oft als stellvertretende Artengruppe oder Indikator für die biologische Vielfalt verwendet, wenn genaue Daten über die gesamte Lebensgemeinschaft fehlen. Bewertungen der Biodiversität basieren deshalb häufig auf der Artenvielfalt von Gefäßpflanzen, Tagfaltern oder Brutvögeln. Die Arten dieser Gruppen sind relativ leicht zu erfassen und zu bestimmen; zudem gibt es noch genügend Fachleute mit dem benötigten Spezialwissen. Der pragmatische **Ansatz mit Indikatorgruppen** ist aber teilweise umstritten, beruht er doch auf der Annahme, dass die Artenvielfalt der untersuchten Gruppe(n) mit der unbekannten Artenvielfalt der anderen Organismengruppen korreliert ist und somit ein präzises Maß für die in Wirklichkeit vorhandene Biodiversität darstellt. Dies trifft aber in vielen Fällen nicht zu. So ist beispielsweise die Vielfalt der Tagfalterarten auf extensiv bewirtschafteten Weiden nicht mit der Vielfalt der im Boden lebenden Hornmilben korreliert.

Da das Bestimmen einer großen Anzahl an Organismen aus verschiedenen Gruppen sehr arbeitsaufwendig ist und – wie wir schon festgestellt haben – oft die benötigten Fachleute fehlen, wurden alternative Ansätze zur Erfassung oder Abschätzung der Biodiversität eines Gebietes entwickelt. So können höhere taxonomische Stufen als Vielfaltskriterium betrachtet werden. Dabei werden die Organismen auf das Niveau der Familie oder Gattung bestimmt und deren Vielfalt gilt als Zeiger für die Artenvielfalt.

Biodiversität kann auch durch die Vielfalt der sogenannten **Morphotypen** geschätzt werden. Bei diesem Ansatz werden alle gesammelten Individuen, die in ihren wesentlichen Merkmalen übereinstimmen, in Gruppen (Morphotypen) zusammengefasst, ohne die eigentlichen Arten zu bestimmen. Ähnlich aussehende Arten werden so der gleichen Gruppe zugeordnet und die Zahl der verschiedenen Gruppen wird als Mass für die Biodiversität betrachtet. Beim Morphotypen-Ansatz wird die effektive Artenvielfalt meistens unterschätzt, da Individuen von sehr ähnlich aussehenden Arten dem gleichen Morphotyp zugeordnet werden.

Um großflächige Einschätzungen über die vorhandene Biodiversität machen zu können, werden häufig Landschaftseigenschaften wie Klima, Relief, Hydrologie oder Bodenverhältnisse erfasst. Multispektrale Fernerkundungsdaten aus Satelliten und Flugzeugen ermöglichen eine direkte Abbildung von verschiedenen Vegetationstypen und einzelnen Baumarten (Turner et al. 2003). In der Regel werden aber nur **Indikatoren für die Biodiversität** abgeleitet: Biotoptyp, Naturnähe von Biotoptypen, Landnutzungsart, Störungen. Durch wiederholten Fernerkundungseinsatz können Entwicklungstrends von Einzelflächen oder Gebieten erfasst werden. Bekannte Beispiele für den Einsatz von Fernerkundungstechniken zur Erfassung der Biodiversität oder zeitlichen Veränderungen in der Biodiversität sind: BioAssess (*biodiversity assessment tools project*; www.nbu.ac.uk/bioassess) und HABITALP (Diversität und Monitoring alpiner Lebensräume; www.habitalp.de).

Geografische Informationssysteme (GIS) bieten die Möglichkeit, räumliche Daten in Karten zusammenzufügen. So können beispielsweise Daten über Vegetationstypen, die Artenvielfalt verschiedener Organismengruppen, Siedlungsgebiete sowie Verkehrsstrukturen wie Straßen und Eisenbahnlinien, übereinandergelegt werden, um Gebiete hervorzuheben, die eine besonders hohe Biodiversität aufweisen.

Weltweit sind reichhaltige Bestände an detaillierten, kleinskaligen Biodiversitätsdaten für ausgewählte Gebiete vorhanden. Unter der Annahme, dass es Zusammenhänge zwischen der lokal vorhandenen Biodiversität und abiotischen Faktoren wie Klima, Hydrologie, Relief und Bodeneigenschaften gibt, können Fernerkundungs- und GIS-Daten zur räumlichen Interpolation dieser lokalen Datensätze genutzt werden, um weiträumig großskalige Biodiversitätsinformationen bereitzustellen. So lassen sich qualitative Biodiversitätsindikatoren (Strukturindices, *landscape metrics*) aus der Analyse von Landschafts- und Lebensraummustern gewinnen.

Mithilfe hochentwickelter Modellierungstechniken können durch Kombination von Informationen über die Lebensraumbedürfnisse einzelner Arten mit räumlichen Daten über die Landschaftsstruktur und abiotische Faktoren **potenzielle Verbreitungskarten** der Arten, Artengruppen oder sogar der Biodiversität abgeleitet werden. Dieser wertvolle Ansatz gibt Einblick in die mögliche großräumige Verbreitung der Arten und Artenvielfalt. Die eigentliche Feldarbeit vor Ort kann aber durch Modellieren nicht ersetzt werden, beruhen doch die potenziellen Verbreitungskarten auf verschiedenen Annahmen. Historische Ereignisse und Zufallsereignisse werden bei potenziellen Verbreitungskarten nicht berücksichtigt. So kann das Modell einen bestimmten Ort als günstig für eine spezielle Art bezeichnen, obwohl während eines extrem kalten Winters vor 50 Jahren sämtliche Individuen dieser Art gestorben sind und seither diese Stelle nicht mehr besiedelt wurde.

Biodiversitätsindikatoren in der Praxis

Eine wiederholte Erfassung des gesamten Artenreichtums eines großen Gebietes oder detaillierte Untersuchungen zur genetischen Vielfalt sind aus personellen wie auch finanziellen Gründen kaum durchführbar. Deshalb wird häufig auf leicht erfassbare indirekte Biodiversitätsindikatoren zurückgegriffen. Als Beispiel für eine Auswahl von Indikatoren wird auf das Biodiversitätsmonitoring Schweiz hingewiesen (Exkurs).

In diesem Programm wird – neben einer systematischen Biodiversitätsbeobachtung in verschiedenen Lebensräumen anhand der Artenvielfalt von Gefäßpflanzen, Moosen, Tagfaltern, Heuschrecken und Landschnecken – als landesweiter Indikator für Veränderungen in der genetischen Vielfalt die Veränderung der Zahl aller in der Schweiz anerkannten domestizierten Nutztierrassen und Nutzpflanzensorten betrachtet (Abb. 6). Da für jede (seltene) Nutztierrasse ein Herdenbuch geführt wird, können diese Daten mit geringem zusätzlichen Aufwand zusammengestellt werden. Weitere in diesem Programm verwendete Indikatoren sind die Gefährdungsbilanz der in den Roten Listen aufgeführten Arten (Zahl der Arten, deren Gefährdung in der Schweiz ab- oder zugenommen hat), die Flächenbilanz wertvoller Biotope (Veränderungen der Flächen aller Hochmoore, Flachmoore, Auengebiete, Trockenstandorte und wertvoller Wälder), die Veränderungen in der Länge von Flüssen, Bächen, Hecken und Waldrändern (berechnet pro Quadratkilometer), die Totalfläche aller Naturschutzgebiete und die Gesamtfläche der landwirtschaftlichen Biobetriebe. Diese Aufzählung zeigt deutlich, wie Biodiversität – die Vielfalt der Gene, Arten und Ökosysteme – in der Praxis durch leicht erfassbare, direkte und indirekte Indikatoren geschätzt wird.

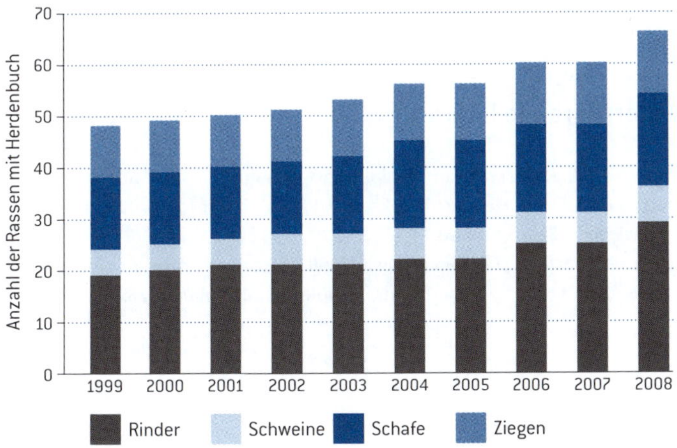

Abb. 6: Die Anzahl Nutztierrassen hat in der Schweiz seit 1999 zugenommen. Diese Werte können als Indikator für die genetische Vielfalt von Nutztieren in der Landwirtschaft betrachtet werden. Für jede Rasse wird ein Herdenbuch geführt (nach www.biodiversitymonitoring.ch).

Biodiversitäts-Monitoring Schweiz – Beispiel eines Langzeit-Überwachungsprogramms

Mit dem Biodiversitäts-Monitoring Schweiz (BDM) wird die langfristige Entwicklung der biologischen Vielfalt in der Schweiz überwacht. Dabei wird die Biodiversität mithilfe von über 30 Indikatoren erfasst, die unterschiedliche Teilbereiche der biologischen Vielfalt abdecken. Die Zustandsindikatoren machen direkte Angaben zur Biodiversität – etwa über den Artenreichtum von Tagfaltern oder Gefäßpflanzen, die Anzahl Nutztierrassen (Abb. 6) oder über den Bestand bedrohter Arten. Die Einflussindikatoren geben Hinweise, ob und wie sich die Rahmenbedingungen für die Biodiversität verändern. So ist beispielsweise von Bedeutung, auf welche Weise die Landschaft genutzt wird, wie hoch das Nährstoffangebot in den Böden ist oder wie viel Totholz es im Wald gibt. Ergänzt wird das Monitoringprogramm durch Massnahmenindikatoren, die aufzeigen, welche Anstrengungen die Schweiz zugunsten der biologischen Vielfalt unternimmt. Diese Indikatoren zeigen zum Beispiel, wie viel Geld für den Natur- und Landschaftsschutz ausgegeben wird oder wie groß das Total der ökologischen Ausgleichsflächen ist. Weitere Informationen und aktuelle Daten zum BDM sind auf der Website www.biodiversitymonitoring.ch zu finden.

Weiterführende Literatur

Magurran A.E. (2004) Measuring biological diversity. Blackwell Science, Oxford.

Southwood T.R.E. & Henderson P.A. (2000) Ecological methods (3. Auflage). Blackwell Science, Oxford.

Turner W., Spector S., Gardiner N. et al. (2003) Remote sensing for biodiversity science and conservation. Trends in Ecology and Evolution 18: 306–314.

Biodiversität ist nicht gleichmäßig verteilt

Zusammenfassung

Die Biodiversität ist nicht gleichmäßig über die Erdoberfläche verteilt. Sowohl auf dem Land wie auch in Inlandgewässern und in den Meeren gibt es Stellen oder Gebiete mit extrem hoher Artenvielfalt und solche mit eher geringer Vielfalt. Generell nimmt die Anzahl der Arten mit zunehmender Fläche zu. Bei verschiedenen Organismengruppen nimmt die Artenvielfalt von den gemäßigten Breitengraden zu den Tropen zu. Weltweit weisen einige Regionen eine besonders hohe Artenvielfalt und Anzahl von endemischen Arten auf. Diese sogenannten globalen Biodiversitäts-Hotspots umfassen zusammen nur 2,3 % der Erdoberfläche, beherbergen aber rund 50 % der weltweit bekannten Pflanzenarten und 42 % der Amphibien-, Reptilien-, Vogel- und Säugetierarten. Es gibt aber auch Ökosysteme, Landschaften und Lebensraumtypen, die sich durch eine überdurchschnittlich hohe Artenvielfalt auszeichnen, beispielsweise Korallenriffe, Gebirge und Trockenrasen. Das Wissen um die räumliche Verteilung der Biodiversität ist eine wesentliche Voraussetzung für die Planung und Umsetzung von Schutzmaßnahmen.

Muster des Artenreichtums

Forschende bemerkten schon vor mehr als 150 Jahren, dass je grösser ein Untersuchungsgebiet ist, desto mehr Arten werden gefunden. Seit rund 50 Jahren wird dieses Phänomen bei verschiedenen «Typen von Inseln» analysiert. Zahlreiche Untersuchungen zeigen, dass die Anzahl der Arten auf Inseln mit zunehmender Inselfläche zunimmt. Eine derartige **Arten-Flächen-Beziehung** ist in Abbildung 7 für die Anzahl der Laufkäferarten auf 17 Inseln im Mälaren-See westlich von Stockholm dargestellt. «Inseln» müssen jedoch nicht ausschließlich Landareale umgeben von Wasser sein. Jede Art von isoliertem Lebensraum kann als «Insel» betrachtet werden. So sind Grünanlagen Inseln in einer «zubetonierten» Stadt, Seen sind Inseln in einem «Meer» aus Land, Berggipfel sind Inseln großer Höhenlage in einem Gebiet von niedrigen Höhenlagen, einzelne Obstbäume sind Inseln in Landwirtschaftsflächen. Auch für diese Arten von Inseln können Arten-Flächen-Beziehungen auftreten.

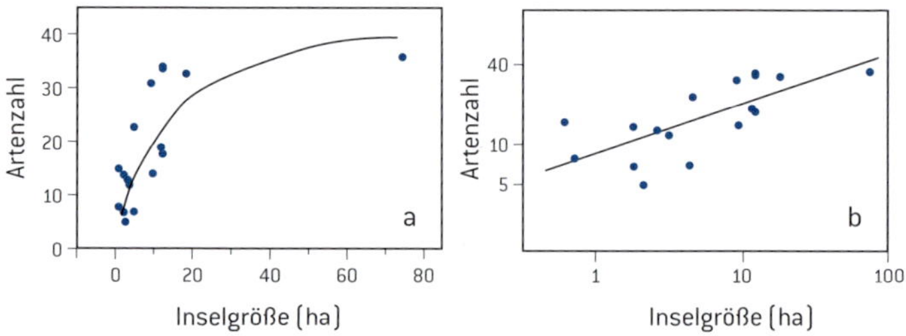

Abb. 7: Zusammenhang zwischen der Anzahl von Laufkäferarten und der Fläche von 17 Inseln im Mälarensee westlich von Stockholm. (a) und (b) sind Darstellungen desselben Datensatzes, nur dass in (b) die Artenzahl und die Fläche logarithmiert wurden. In (b) beträgt die Steigung der Geraden (z-Wert) 0,36. Daten aus Nilsson et al. (1988).

Die Arten-Flächen-Beziehung gilt nahezu universell, von Kleinstgebieten bis hin zu Kontinenten. Dabei nimmt die Artenzahl nicht linear mit der Fläche zu (Abb. 7a). Die Beziehung zwischen der Fläche F und der Artenzahl S lässt sich in den meisten Fällen mit der Potenzfunktion $S = cF^z$ beschreiben. Durch Logarithmierung dieser Gleichung ergibt sich

$$\log(S) = \log(c) + z \log(F),$$

wobei c und z Parameter sind, die sich mit einer statistischen Methode (linearer Regression) aus Felddaten schätzen lassen. Der Parameter z, die Steigung der Geraden nach der Transformation, liegt meistens zwischen 0,1 und 0,45. Arten-Flächen-Beziehungen für größere terrestrische Flächen innerhalb einer Region weisen häufig z-Werte von 0,1 bis 0,25 auf, während sie für echte Inseln etwas höher liegen (0,2–0,45). Die kleineren z-Werte für «Land-Inseln» innerhalb einer Region lassen sich durch erleichterte Zuwanderung von Arten aus den umliegenden Gebieten erklären, obwohl viele von ihnen keine lange Existenzmöglichkeit auf den besiedelten Flächen haben. Auf echten Inseln wirken Besiedlungs- und Aussterbeeffekte viel stärker (siehe unten: Gleichgewichtstheorie). Der höhere z-Wert auf Inseln bedeutet, dass bei Lebensraumzerstörung der

Artenverlust pro Flächeneinheit (z.B. pro km^2) größer ist als auf dem Festland.

Warum gibt es auf größeren Inseln mehr Arten als auf kleineren Inseln? Vier verschiedene, sich gegenseitig aber nicht ausschließende Hypothesen können zur Erklärung der Arten-Flächen-Beziehung beigezogen werden. **Passives Aufsammeln** *(passive sampling)* bedeutet, dass Arten durch Verdriftung zufällig auf eine Insel gelangen. Je größer eine Insel ist, desto mehr durch den Wind oder im Wasser verfrachtete Individuen (und damit Arten) können auf ihr landen, vorausgesetzt die zu vergleichenden Inseln haben denselben Abstand zum Festland. MacArthur und Wilson (1967) argumentierten in ihrer **Gleichgewichtstheorie** (auch Inseltheorie oder *equilibrium theory of island biogeography* genannt), dass die Größe und Abgelegenheit (Isolation) einer Insel eine wichtige Rolle spielen. Die Artenzahl einer Insel wird demnach durch ein Gleichgewicht zwischen Einwanderung und Aussterben bestimmt. Dieses Gleichgewicht ist dynamisch, wobei ständig Arten aussterben und in Form von Einwanderung durch dieselben oder andere Arten ersetzt werden. Als Ergebnis dieses kontinuierlichen Umsatzes von Arten *(turnover)* bleibt mit der Zeit die Gesamtzahl der Arten mehr oder weniger konstant. Die Gleichgewichtstheorie trifft die Voraussagen, dass große Inseln mehr Arten enthalten als kleine Inseln und dass mit zunehmender Abgelegenheit einer Insel die Artenzahl abnimmt. Neben der geografischen Distanz zwischen Festland und Insel kann es noch andere Faktoren geben, die die Isolation beeinflussen, wie die vorherrschende Windrichtung oder die Strömungsverhältnisse im Meer.

Entsprechend der **Habitatsdiversitätshypothese** enthalten größere Areale im Durchschnitt mehr verschiedenartige Lebensräume als kleinere Areale. Durch die größere Lebensraumvielfalt werden unterschiedliche Nischen angeboten, in denen mehr Arten koexistieren können. Die Häufigkeit und Intensität von **Störungen** (Flutwellen, Stürme, Vulkanausbrüche; Kapitel 5) nehmen mit zunehmender Inselgröße ab. Deshalb sind große Inseln im Allgemeinen besser gegen Störungen gepuffert als kleine Inseln. Zudem beherbergen große Inseln oft größere Populationen, welche ein geringeres Aussterberisiko haben als kleinere Populationen auf kleinen Inseln.

Es gibt zahlreiche vergleichende Untersuchungen und Feldexperimente, deren Ergebnisse eine, zwei oder sogar drei dieser Hypothesen bestätigen.

Gradienten über die Breitengrade

Die Artenvielfalt nimmt von den Polen zu den Tropen zu. Dies gilt für zahlreiche Gruppen von Organismen, wie marine Muscheln, Schmetterlinge, Säugetiere und Bäume. Es gibt aber auch Ausnahmen wie die Vielfalt einiger Gruppen von Meeresvögeln, die am höchsten in kühlen Meeren mit einem reichen Nahrungsangebot ist (Chown et al. 1998). Auch die Blattläuse und Schlupfwespen erreichen nicht in den Tropen sondern in den gemäßigten Klimazonen ihre größe Diversität (Janzen 1981, Dixon et al. 1987). Für den generellen Trend der Zunahme des Artenreichtums mit abnehmenden Breitengraden wurden verschiedene Hypothesen vorgeschlagen, aber keine von diesen konnte eindeutig bestätigt werden (Primack 1995, Rosenzweig 1995).

- Die Lebensgemeinschaften der Tropen sind älter als die der gemäßigten Breiten. Durch einen längeren Zeitraum der Evolution war in den Tropen ein größeres Ausmaß an Spezialisierung und lokaler Anpassung möglich.
- Im Klima der Tropen (Wärme und hohe Luftfeuchtigkeit) laufen die meisten Prozesse schneller ab als in den gemäßigten Breitengraden, da sie temperaturabhängig sind. Dies kann auch zu einer erhöhten Artbildung führen.
- In den Tropen sind die Organismen einem höheren Druck durch Parasiten, Krankheitserreger und Prädatoren ausgesetzt, deren Bestände wegen der fehlenden Winterkälte kaum reduziert werden. Diese Interaktionen können dazu beitragen, dass die Dominanz einzelner Arten in Gemeinschaften reduziert wird, was wiederum die Koexistenz von mehr Arten mit geringer Individuendichte erlaubt. In den gemäßigten Breiten ist der Druck durch Parasiten und Krankheiten wegen der winterlichen Kälte geringer, so dass einzelne konkurrenzstarke Arten die Gemeinschaft dominieren können.
- Tropische Gebiete empfangen im Jahresverlauf mehr Sonnenenergie als gemäßigte Regionen. Als Folge davon ist die Produktivität vieler tropischer Ökosysteme höher als die von Ökosystemen der gemäßigten Breiten. Dementsprechend umfangreicher ist in den Tropen die Grundlage an Ressourcen, von denen wiederum mehr Arten leben können. Ein Zusammenhang zwischen Produktivität und Artenvielfalt ist allerdings nicht in allen Fällen vorhanden: Viele hochdiverse Gemeinschaften kommen in Lebensräumen mit mittlerer Produktivität vor.
- Die Landfläche ist nicht gleichmäßig auf der Erdoberfläche verteilt. In Breitengraden um den Äquator gibt es mehr Land als in polnahen

Breitengraden. Der Arten-Flächen-Beziehung folgend sollte es deshalb mehr Arten in den Tropen geben.
- Artenreichtum ist auch ein selbstverstärkender Prozess. Da jede Pflanze Nische(n) für Herbivore anbietet und jede Art Ziel von Pathogenen und Parasiten ist, ergibt die höhere Artenvielfalt in den Tropen wiederum Nischen für weitere Arten.

Gradienten über Höhen und Tiefen

Auf die jeweils verfügbare Landfläche bezogen, ist die Biodiversität der Gebirge höher als jene der Tiefländer (Körner & Spehn 2002). Die Ursachen dafür dürften vor allem in der hohen Anzahl an verschiedenartigen Lebensräumen, im Isolierungsgrad, in moderaten anthropogenen Veränderungen und in der traditionellen Bewirtschaftung bestimmter Gebiete zu begründen sein. Die höhenbedingte Temperaturabnahme führt zu einer Stauchung der verschiedenen Lebenszonen auf kleinstem Raum und damit zu leicht erkennbaren Vegetationsänderungen. Die innerhalb einer Vegetationszone wechselnde Topografie enthält eine Vielzahl an Kleinstlebensräumen mit unterschiedlichen Temperaturen, Schneebedeckungen, Expositionen, Hangneigungen und Bodenqualitäten, was die Koexistenz zahlreicher Arten ermöglicht. Innerhalb der alpinen Zone nimmt die Artenzahl pro Lebensgemeinschaft mit zunehmender Höhe ab – bei Pflanzen um rund 40 Arten pro 100 Höhenmeter.

In aquatischen Lebensräumen nimmt der Artenreichtum gewöhnlich mit der Tiefe ab. Es gibt aber auch Ausnahmen. So besteht bei bodenlebenden (benthischen) Tieren im marinen Küstenbereich kein einfacher Diversitätsgradient. Ihre Artenvielfalt erreicht bei einer Tiefe von etwa 1000 m ein Maximum. Als mögliche Erklärung für dieses Phänomen wurde die höhere Vorhersagbarkeit der Umweltbedingungen in dieser Tiefe vorgeschlagen. Neben Hydrothermalquellen (siehe unten) können Hänge von Unterwassergebirgen, die aufgrund einer Meeresströmung einen konstanten Nahrungszufluss aufweisen, eine hohe Artenvielfalt beherbergen.

Hotspots

Einige Regionen weisen eine besonders hohe Artenvielfalt und Anzahl von endemischen Arten auf. Diese werden als **globale Biodiversitäts-Hotspots** bezeichnet, wenn sie sowohl ein vorgegebenes Seltenheits-

als auch ein Gefährdungskriterium erfüllen. Um als Hotspot zu gelten, muss eine Region mindestens 1500 endemische Pflanzenarten beherbergen (0,5 % der global vorkommenden 300 000 Pflanzenarten), die bereits mehr als 70 % ihres ursprünglichen Lebensraumes dort verloren haben. Pflanzenarten wurden deshalb als Indikatoren ausgewählt, weil sie relativ leicht zu bestimmen und quantitativ zu erfassen sind, ihre Verbreitung gut bekannt ist und sie die Grundlage für die Vielfalt anderer taxonomischer Gruppen bilden. Die Grundidee des Hotspot-Konzeptes ist, finanzielle Ressourcen optimal für die Erhaltung der biologischen Vielfalt einsetzen zu können: Wie lässt sich auf einem relativ geringen Flächenanteil viel Biodiversität schützen?

Das Konzept der weltweiten Biodiversitäts-Hotspots wurde mehrfach verbessert und verfeinert (Myers et al. 2000). In der neuesten Version von 2005 wurden 34 Hotspots festgelegt (Abb. 8). Rund 50 % der weltweit bekannten Pflanzenarten kommen ausschließlich in diesen 34 Regionen vor, die nur 2,3 % der gesamten Erdoberfläche ausmachen. Bei den Amphibien, Reptilien, Vögeln und Säugetieren sind insgesamt 42 % aller weltweit vorkommenden Arten ausschließlich in diesen Hotspots zu finden. Einige der Hotspots sind große Inseln (Neukaledonien, Neuseeland) oder tropische Inselgruppen (Karibik, Philippinen). Andere hingegen bilden Biodiversitätsinseln auf dem Land – sie sind isoliert durch Bergketten oder Wüsten. Das teilweise zu Europa gehörende Mittelmeerbecken beheimatet 11 700 endemische Pflanzenarten (52 % der dort vorkommenden 22 500 Arten), deren ursprüngliche Lebensräume aber auf mehr als 95 % der Fläche zerstört wurden. Das Mittelmeergebiet wird deshalb zu Recht als Biodiversitäts-Hotspot betrachtet.

Abb. 8: 34 Regionen der Erde wurden als Biodiversitäts-Hotspots ausgewiesen. 1. Kalifornische Florenprovinz, 2. Madrean Kiefer-Eichen-Wälder, 3. Mittelamerika, 4. Karibik, 5. Brasilianischer Cerrado, 6. Waldregionen des brasilianischen Südosten, 7. Mittelchile, 8. Andenregionen der Tropen, 9. Tumbes-Chocó-Magdalena (West-Ecuador), 10. Kaukasus, 11. Anatolien-Iran, 12. Mittelmeerregion mit Kanarischen Inseln, 13. Zentralasiatische Gebirge, 14. Waldregionen Westafrikas, 15. Sukkulentenreiche Gebiete der Karro-Halbwüste, 16. Kapregion (Südafrika), 17. Maputoland-Pondoland-Albany, 18. Ostafrikanische Küstenwälder, 19. Eastern Afromontane, 20. Horn von Afrika, 21. Madagaskar und Inseln im Indischen Ozean, 22. Himalaya, 23. West-Ghats (Gebirgszug in Indien) und Sri Lanka, 24. Südwestliche Bergregionen in China, 25. Indo-Burma-Region, 26. Japan, 27. Philippinen, 28. Sundaland, 29. Wallacea, 30. Südwestaustralien, 31. Neuseeland, 32. Neukaledonien, 33. Ost-Melanesische Inseln, 34. Polynesien/Mikronesien. Die unterschiedlichen Farben dienen zur Unterscheidung aneinandergrenzender Hotspots (nach Conservation International 2005).

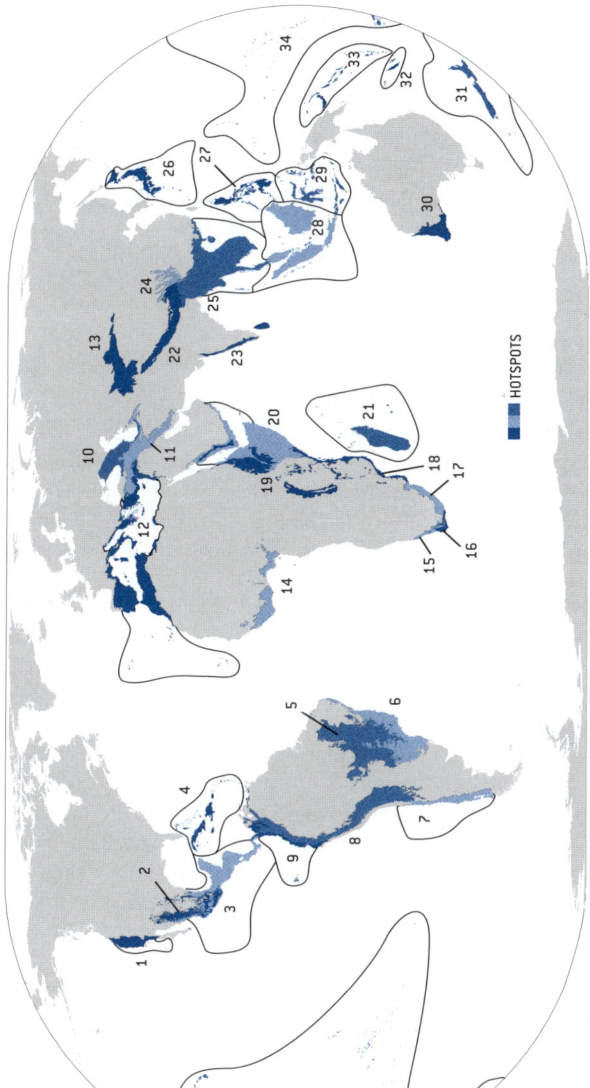
HOTSPOTS
1
2
3
4
5
6
7
8
9
10
11
12
13
14
15
16
17
18
19
20
21
22
23
24
25
26
27
28
29
30
31
32
33
34

Der konsequente Schutz der globalen Biodiversitäts-Hotspots wird jedoch durch die Tatsache erschwert, dass die meisten Hotspots eine weit über dem Weltdurchschnitt (42 Menschen pro km^2) liegende Bevölkerungsdichte aufweisen. So haben beispielsweise die Philippinen, Japan, die West-Ghats und Sri Lanka eine Bevölkerungsdichte von mehr als 250 Menschen pro km^2. In vielen Hotspots liegt auch die Wachstumsrate der Bevölkerung weit über dem Weltdurchschnitt von 1,3 % pro Jahr. Dadurch dürfte sich der Druck auf die noch bestehenden Lebensräume in den globalen Hotspots in Zukunft noch weiter erhöhen.

Andere Formen von Hotspots

Um Prioritäten für Schutzmaßnahmen festlegen zu können, wurden verschiedene andere «Hotspot»-Ansätze entwickelt, die entweder auf eine Organismengruppe, ein Ökosystem, ein Landschaftstyp oder auf einen Habitatstyp ausgerichtet sind. Gemeinsam an diesen Ansätzen ist das Vorkommen einer großen biologischen Vielfalt und einer hohen Zahl an Endemiten, die unmittelbar von Aussterben und Lebensraumzerstörung bedroht sind.

Die Diversität der Vögel gilt als guter Indikator für die Mannigfaltigkeit einer Lebensgemeinschaft (Kapitel 3). *Birdlife International* hat 218 Gebiete als *Endemic Bird Areas* (EBA) festgelegt, die zusammen 2 % der Landfläche der Erde umfassen. Jedes dieser Gebiete beherbergt endemische Vogelarten (mindestens 2, im Maximum 80). Die flächenmäßige Überlappung der EBA mit den globalen Biodiversitäts-Hotspots liegt bei knapp 70 %.

In den warmen, flachen Gewässern tropischer Inseln und im Bereich tropischer Küsten gibt es Korallenriffe, welche Ökosysteme von besonders großer Artenvielfalt und Produktivität in den sonst nährstoffarmen Meeren darstellen. Korallenriffe sind das Gemeinschaftswerk unzähliger, auf engstem Raum zusammenlebender Organismen, welche über die Fähigkeit verfügen, Hartteile aus Kalk zu synthetisieren (Schalen der Muscheln, harte Wohnhöhlen sessiler Borstenwürmer, Steinkorallen). Als Verankerungsbasis dienen im Riff die Skelette anderer, abgestorbener Formen, sodass sich infolge Hartteile über Hartteile aufschichten, die sich zu riesigen Kalkmassen verdichten. Als Hauptgestalter betätigen sich die dem Stamm der Hohltiere zugeordneten Steinkorallen und Feuerkorallen. In den Spalten und Zwischenräumen siedeln sich andere, z.T. ebenfalls kalkbildende Organismen an, wie Muscheln, Röhrenwürmer, koloniale Moostierchen, Grünalgen und krustenbildende Rotalgen. Korallenriffe werden als Biodiversitäts-Hotspots betrachtet, wurden auf ihnen bisher doch mehr als 60 000 Arten von Mikroorganismen, Pflanzen und Tieren nachgewiesen (Veron 2000). Es wird vermutet, dass weltweit auf den Korallenriffen rund 1 Million verschiedene Arten vorkommen. Allein unter den 3800 bekannten Arten von Korallen gibt es 1300 riffbildende Steinkorallenarten.

Gebirge werden auch als Hotspots oder Kernzonen der Biodiversität betrachtet. Die geografische Isolation von Gebirgszügen oder Bergspitzen sowie ihre Vergletscherungsgeschichte führten zur Entstehung zahlreicher endemischer Arten. Die Alpen mit ihren rund 4500 Gefäßpflanzenarten – darunter etwa 350 endemische Arten – beherbergen etwa 43 % der europäischen Flora. Zur großen Vielfalt an Arten und Lebensräumen in den Alpen trägt aber auch die traditionelle Kulturlandschaft bei. Dies hat mit der kleinstrukturierten naturräumlichen Situation und der vielerorts erschwerten Nutzung zu tun, sowie mit kulturellen und geschichtlichen Besonderheiten. So zeigen beispielsweise alpine Wiesen und Weiden in verschiedenen Kulturen der Schweiz beträchtliche Unterschiede in der pflanzlichen Vielfalt (Stöcklin et al. 2007). Beim Vergleich der verschiedenen Nutzungsarten von Weiden und Wiesen – gedüngt, ungedüngt und Brache – zeigten die Flächen in Dörfern mit romanischer Tradition vor allem im Talbereich eine bedeutend höhere Vielfalt als diejenigen in Dörfern mit germanischer oder walser Tradition. Dieser Unterschied widerspiegelt die unterschiedlichen Erbteilungssysteme: In den romanischen Gebieten führte die dort übliche Realteilung zu ständig kleineren und entsprechend diverseren Parzellen. Die hohe Habitat- und Strukturvielfalt beherbergt eine große Pflanzenvielfalt. Im germanischen Erbrecht hingegen – mit Weitergabe des Landwirtschaftbetriebes an einen einzigen Nachkommen – bleiben die ursprünglichen Größen der Parzellen eher erhalten, was eine Monotonisierung der Bewirtschaftung begünstigt und zu einer eher geringen Pflanzenvielfalt führt.

Auch Binnengewässer können Hotspots der Biodiversität sein. Artenreich sind vor allem Gewässer, die ein hohes Alter aufweisen, da dort über lange Zeit frühe Seitenlinien der Evolution bewahrt werden konnten oder sich eigene evolutive Radiationen etabliert haben. Als ältester See mit einer eindrücklichen eigenen Pflanzen- und Tiervielfalt gilt der Baikalsee in Sibirien mit einem Alter von über 25 Millionen Jahren. Auch Flusssysteme können alt sein und eine spezielle Biodiversität beherbergen, obwohl sie im Laufe der Zeit teilweise ihren Verlauf, ihr Einzugsgebiet oder gar die Fliessrichtung geändert haben.

In Mitteleuropa gelten halbnatürliche, durch menschliche Aktivitäten geschaffene Trockenwiesen und Trockenweiden mit bis zu 100 Arten pro Are zu den vielfältigsten Pflanzengesellschaften (Eggenberg et al. 2001). Auch ihr Artenreichtum an Tieren ist beträchtlich: Allein aus der Klasse der Insekten können in diesem Lebensraum über 1000 Arten vorkommen, darunter 30 Heuschrecken-, 100 Wanzen-, 25 Netzflügler-, 150 Käfer-, 145 Nachtfalter-, 140 Kleinschmetterlings-, 80 Tagfalter-, 65 Bienen-, 50 Grabwespen-, 40 Schwebfliegen- und 35 Ameisenarten (Gepp 1986).

Als lokale Biodiversitäts-Hotspots können auch Hydrothermalquellen in der Tiefsee betrachtet werden. Im Umfeld dieser Quellen, die heißes Wasser aus den Spalten des Vulkangesteins ausstoßen, ist eine vielfältige Lebensgemeinschaft mit Bartwürmern, langbeinigen Seespinnen, Tiefseeasseln, Seelilien, Muscheln, Schlangensternen, Seesternen, Seeigeln und Seegurken zu finden. Als Primärproduzenten sind in der dunklen Tiefsee chemosynthetische Bakterien tätig, die Schwefelwasserstoff oxidieren und dabei Energie freisetzen. Diese Schwefelbakterien können freilebend oder endosymbiontisch in Bartwürmern und Seesternen vorkommen.

Alte Gärten und Parkanlagen können bedeutende Biodiversitäts-Hotspots in Städten sein. So wurden im Zoo Basel, einem 11,6 h großen, von städtischer Bebauung umgebenen Park, in den Flächen zwischen den Zootiergehegen insgesamt 3110 Arten von wildlebenden Pflanzen und Tieren gefunden (Baur et al. 2008).

Räumliche Muster und ihre zeitliche Organisation

Bei der Beurteilung räumlicher Muster müssen die zeitlichen Abläufe berücksichtigt werden, denn nicht nur das räumliche Nebeneinander, sondern auch das zeitliche Nacheinander ist für die biologische Vielfalt von Bedeutung. Organismen, Populationen, Lebensgemeinschaften und Ökosysteme unterliegen ständigen Veränderungen. Diese zeitliche Abfolge von Arten, Lebensgemeinschaften und Ökosystemen unter dem Einfluss der Organismen selbst, des Bodens und des Klimas wird als **Sukzession** bezeichnet.

Sukzession bedeutet eine graduelle Veränderung der Vegetation in einem Gebiet, bei welcher eine Lebensgemeinschaft anderen folgt. Das relativ stabile Endstadium einer Vegetationsentwicklung, das sich unter einem bestimmten Klimaregime bilden kann, wird als **Klimax** bezeichnet. Wenn eine neu entstandene offene Fläche vorher nicht durch eine Lebensgemeinschaft beeinflusst wurde, spricht man von einer **primären Sukzession**. Beispiele dafür sind neu entstandene Sanddünen, Lavaströme von Vulkanausbrüchen, Flachdächer auf neuerstellten Gebäuden, oder Flächen, die durch den Rückzug von Gletschern freigelegt werden. Wenn die Pflanzen aus einem Gebiet teilweise oder vollständig entfernt werden, ihre Samen und Sporen jedoch vorhanden bleiben, spricht man von **sekundärer Sukzession**. Der lokale Verlust von Bäumen nach einem Sturm kann zu sekundärer Sukzession führen wie auch die Aufgabe des Ackerbaus.

Der Ablauf der Vegetationsentwicklung wurde häufig auf brachliegenden Feldern untersucht. Die typische Abfolge dominanter Vegetation ist: einjährige Wildkräuter – krautige mehrjährige Pflanzen – Büsche – Bäume früher Sukzessionsstadien (z.B. Birken) – Bäume später Sukzessionsstadien (z.B. Rotbuchen). Parallel zur Veränderung der Vegetation ändern sich auch die Lebensgemeinschaften der Tiere (Baur et al. 2006). So zeichnet sich jedes Sukzessionsstadium durch eine spezielle Artenvielfalt aus. Störungen wie Mahd, Trittschäden, Sturm, Feuer oder lokales Auftreten von Schädlingen sorgen für eine kleinräumige Struktur verschiedenartiger Lebensräume, die ein flächendeckendes Erreichen des Klimaxstadiums verhindern können. Das räumliche Nebeneinander zeitlich unterschiedlich weit entwickelter Stadien von Lebensgemeinschaften und Ökosystemen kann also zum Erhalt der Artenvielfalt eines Gebietes beitragen (Mosaik-Zyklus-Theorie; Remmert 1991).

Weiterführende Literatur

Conservation International (2005) Information über die globalen Biodiversitäts-Hotspots auf www.biodiversityhotspots.org

Rosenzweig M.L. (1995) Species diversity in space and time. Cambridge University Press, Cambridge.

5

Biodiversität leistet große Dienste

Zusammenfassung
Ökosysteme vollbringen Leistungen, ohne die menschliches Leben auf dem Planeten Erde nicht denkbar wäre. Zu den zentralen Ökosystemleistungen gehören die Produktion von Biomasse (Nahrungsmittel und Baurohstoffe) und Wirkstoffen für Medikamente, die Aufrechterhaltung von Nährstoffzyklen, die Regulation des Gas- und Wasserhaushaltes der Erde, die Steuerung des Klimas, die Versorgung mit Wasser, die Bodenbildung und Erosionskontrolle und die Bestäubung der Blütenpflanzen. Die Biodiversität ist auch wichtig für die Erholung der Menschen und hat große spirituelle Bedeutung. Gewisse Aspekte der biologischen Vielfalt werden von vielen Leuten als ästhetisch schön empfunden (z.B. Pflanzenvielfalt). Zahlreiche Studien belegen, dass artenreiche Ökosysteme in der Regel funktionstüchtiger sind als artenarme Systeme. So schützen artenreiche Wälder besser vor Erosion, Steinschlag, Lawinen und Nährstoffverlusten als Baummonokulturen. Zudem sind artenreiche Wälder besser gegen Schädlingsbefall geschützt und resistenter gegen invasive Arten als artenarme Wälder. Nicht immer ist die eigentliche Funktion einer Art im Ökosystem ersichtlich. Einzelne Arten können für die Funktion eines Ökosystems redundant sein. Daraus lässt sich aber nicht ableiten, dass sie überflüssig sind, denn im Sinne der Versicherungshypothese braucht es Redundanz in einem Ökosystem, um dessen funktionelle Integrität zu gewährleisten.

Von der Funktion zur Dienstleistung

Ökosysteme können durch unterschiedliche funktionelle Eigenschaften charakterisiert werden. Wälder binden Kohlenstoff aus dem aufgenommenen Kohlendioxid (CO_2) und geben Sauerstoff frei, verhindern Erosion und das Abgleiten von Schnee sowie das Herunterstürzen von Felsblöcken an Steilhängen, speichern Wasser, produzieren Beeren, Pilze, Bau- und Brennholz, und stellen einen Lebensraum für Pflanzen und

Tiere und einen Erholungsraum für Menschen dar. Eine anthropozentrische Betrachtungsweise der Ökosysteme setzt ihre **Nutzbarkeit** ins Zentrum und zielt auf die «Dienstleistungen» ab, die sie zum Gebrauch und Genuss durch den Menschen bereitstellen. Die Dienstleistungen und Produkte entstehen aus der normalen Funktion der Ökosysteme. In diesem Konzept können die **Ökosystem-Dienstleistungen** in vier Gruppen eingeteilt werden.

Unterstützende Dienstleistungen *(supporting services)* bilden die Grundlagen für jegliches Leben. Sie umfassen die Umwandlung von Sonnenlicht in Biomasse und Energie, den Stickstoff- und Kohlenstoffkreislauf, auf dem die Primärproduktion beruht, den Wasserkreislauf und die Bodenbildung. Die **bereitstellenden Dienstleistungen** *(provisioning services)* umfassen die Produktion von Nahrung in der Natur (Pilze, Beeren, Nüsse, Fische) und in landwirtschaftlichen Ökosystemen (Getreide, Kartoffeln, Reis, Mais, Wein), die Bereitstellung von sauberer Luft und Wasser sowie von Heilpflanzen, Baustoffen (Holz für Gebäude, Stroh oder Schilf für Dächer), Naturfasern (für Bekleidung), Papier und Brennholz. Zu den **regulierenden Dienstleistungen** *(regulating services)* gehören die Klimaregulation, die Bestäubung der Blütenpflanzen, die Fähigkeit von Ökosystemen, Schadstoffe abzubauen oder auszufiltern, die Selbstreinigung von Gewässern sowie die Abdämpfung von Extremereignissen wie Überschwemmungen oder den Ausbruch von Schädlingen und Krankheitsepidemien. **Kulturelle Dienstleistungen** *(cultural services)* basieren auf dem Vorhandensein von bestimmten Pflanzen, Tieren oder reizvollen Landschaften, die für den Menschen aus religiösen, spirituellen oder historischen Gründen von Bedeutung sind oder einfach als schön empfunden werden. Zu den kulturellen Dienstleistungen der Ökosysteme gehören aber auch die durch die Biodiversität angebotenen Möglichkeiten zur Bildung, Erholung und Freizeitgestaltung.

Nicht alle Ökosystem-Dienstleistungen lassen sich eindeutig einer dieser Gruppen zuteilen.

Vielfältige Ökosystem-Dienstleistungen

Die **Primärproduktion** bildet eine wichtige Grundlage für andere Dienstleistungen der Ökosysteme. Für das Leben der Tiere und die Ernährung der Menschen ist die Produktion von pflanzlicher Biomasse essenziell. In terrestrischen Ökosystemen ist die Primärproduktion von den vorhandenen Pflanzen, vom Nährstoffgehalt und Bodentyp sowie vom Klima abhängig. Der Mensch kann die Primärproduktion durch eine gezielte Veränderung von Ökosystemen erhöhen. Auf diese Weise entstanden halbnatürliche Ökosysteme (z.B. extensiv genutzte Weiden und Wiesen auf ehemaligen Waldflächen oder bewirtschaftete Wälder) und landwirtschaftliche Ökosysteme (Ackerbauflächen, intensiv genutzte Wiesen, Rebberge).

Böden sind der Schlüsselfaktor für die Kreisläufe von Kohlenstoff und Stickstoff (Hooper et al. 2005). Im Boden wird etwa doppelt so viel Kohlenstoff gespeichert wie in den Pflanzen, und sogar 18 Mal so viel Stickstoff. Störungen in diesen Kreisläufen können deshalb fatale Folgen haben. Erhöhte Kohlenstoffeinträge in die Atmosphäre, wie sie bei der Umwandlung von Waldflächen in Landwirtschaftsflächen entstehen, setzen die Treibhausgase CO_2 und CH_4 (Methan) frei. Veränderte Stickstoffkreisläufe, etwa durch übermäßige Düngung, führen zur Freisetzung von Stickoxiden, die ebenfalls den Treibhauseffekt verstärken und am Abbau der stratosphärischen Ozonschicht beteiligt sind. Die vielfältigen Organismen im Boden spielen eine zentrale Rolle beim Abbau von totem Pflanzen- und Tiermaterial sowie von Menschen geschaffenen Schadstoffen und Abfällen. Destruenten und verschiedene Mikroorganismen zersetzen sukzessiv organische Verbindungen in ihre Einzelteile und machen so die Nährstoffe für die Pflanzen wieder verfügbar. Der Boden bleibt fruchtbar. Unter bestimmten Bedingungen können auch gewisse Industriechemikalien, Öle und Schadstoffe von Mikroorganismen abgebaut werden.

Die Ökosysteme nehmen direkten Einfluss auf das lokale und regionale **Klima**. Pflanzen verdunsten Wasser und bringen dadurch viel Feuchtigkeit in die Atmosphäre. Durch die Verdunstung von Wasser sinkt die Lufttemperatur. Die Vegetation dient auch als Staub- und Rußfilter. Schätzungsweise 5 Milliarden Tonnen beziehungsweise 15 % des weltweiten Ausstoßes von CO_2 – dem bedeutendsten Treibhausgas – werden jährlich von den Wäldern absorbiert. Ungenutzte Wälder bilden somit wichtige Kohlenstoffspeicher und können einen zentralen Beitrag zur Abschwächung des Klimawandels leisten.

Natürliche Lebensgemeinschaften haben einen bedeutenden Einfluss auf das Grund- und Oberflächenwasser. Wälder, allen voran Auenwälder, bilden einen Puffer gegen extreme Hochwasser, indem sie die Spitzen der Hochwasser wirksam zurückhalten. Auen speisen zudem das Grundwasser und erhöhen als effiziente Schadstofffilter das natürliche Selbstreinigungspotenzial von Bächen und Flüssen. Durch den Wasserkreislauf werden Abwässer gereinigt und stehen uns zur landwirtschaftlichen und industriellen Produktion, aber auch als Trinkwasser wieder zur Verfügung. In naturnahen, artenreichen Ökosystemen können Ausbrüche von Schädlingen und Krankheiten durch Prädatoren, Parasiten sowie durch Abwehrmechanismen der betroffenen Organismen besser reguliert werden als in artenarmen Systemen. Untersuchungen in Amerika zeigten, dass je mehr Säugetierarten in einem Gebiet vorkamen, desto weniger Zecken mit Lyme-Borreliose-Bakterien befallen waren (LoGuidice et al. 2003). Diese Krankheit wird von infizierten Zecken übertragen, wenn es ihnen gelingt, sich an einem Menschen festzubeißen. Nur zwei Säugetierarten waren Zwischenwirte der Bakterien. In den anderen Arten konnte sich das Bakterium schlecht entwickeln: Je mehr Säugetierarten im Gebiet vorkamen, desto stärker war der Verdünnungseffekt bei den Zwischenwirten und desto geringer deren Befallsrate.

Neben Nahrungsmitteln und Gewürzen bietet die Biodiversität (Pflanzen und Tiere) unzählige Stoffe für unterschiedliche Produkte an: Farbstoffe, Abwehrstoffe gegen Schädlinge, Komponenten von Kosmetika und Wirkstoffe in Medikamenten. So produziert der Einjährige Beifuß *(Artemisia annua)*, der in Asien und Afrika zur Herstellung von Artemisin angebaut wird, einen Wirkstoff zur Behandlung von Malaria. Traditionelle Heilmittel aus Pflanzen und Tieren dominieren immer noch die medizinische Versorgung eines großen Teiles der Weltbevölkerung. In China werden über 5000 Arten für medizinische Zwecke genutzt, im Amazonasbecken 2000 Arten.

Auch in durch den Menschen stark veränderten Ökosystemen leistet die Biodiversität unermessliche Dienste. In Großstädten tragen Grünflächen und Bäume entlang von Straßen zur Luftreinigung, Lärmreduktion und Erholung der Menschen bei und sind deshalb für das Wohlergehen der Stadtbevölkerung von großer Bedeutung. Direkte Auswirkungen auf die Gesundheit der Menschen lassen sich nachweisen. So nimmt in New York der Anteil an Asthma erkrankten Kleinkindern mit zunehmender Anzahl Bäume in ihrem Wohnquartier ab (Lovasi et al. 2008).

In Mitteleuropa hat der Mensch seit vielen Jahrhunderten die biologische Vielfalt beeinflusst und seine eigenen Kulturlandschaften geschaffen. Durch traditionelle, meist extensive Bewirtschaftung sind neue Ökosysteme wie Magerwiesen und -weiden und kleinräumige, oft durch Steinmauern und Hecken abgegrenzte Ackerflächen entstanden. Erholung in naturnahen Landschaften mit einer reichhaltigen Biodiversität ist für die Psyche vieler Menschen von großer Bedeutung. Kontrollierte Auswahltests zeigten, dass Menschen ohne spezielle botanische Kenntnisse zwischen artenarmen und artenreichen Blumenwiesen unterscheiden und artenreiche Flächen als ästhetisch wertvoller bezeichnen (Lindemann-Matthies et al. 2010). Diese Erkenntnis ist auch für den Tourismus von Bedeutung, tragen doch blumenreiche Wiesen wesentlich zur Attraktivität von Landschaften bei (Kapitel 6). *Whale Watching*, Vogelbeobachten und Wildtiersafaris dienen der Bildung und ziehen unzählige Touristen an. Diese Beispiele zeigen, dass das Wohlbefinden der Menschen auch auf Faktoren beruht, die direkt oder indirekt mit Biodiversität und Ökosystem-Dienstleistungen verknüpft sind (Abb. 9).

Je nach Ökosystem und vorhandener Artenvielfalt sind die einzelnen Ökosystemdienstleistungen unterschiedlich stark ausgeprägt. So haben beispielsweise Seen eine grössere Bedeutung für die Klimaregulation als Flüsse und Bäche (Tabelle 5). Im Vergleich zu Feuchtgebieten haben Flüsse hingegen eine viel größere Bedeutung für die Erholung der Menschen.

Abb. 9: Verknüpfungen zwischen Biodiversität, Ökosystemleistungen und dem Wohlbefinden der Menschen. Die Größe der Pfeile weist auf die Intensität der Verknüpfungen (schwach, mittel oder stark) zwischen den einzelnen Ökosystemleistungen und dem menschlichen Wohlbefinden hin (nach Millennium Ecosystem Assessment 2005).

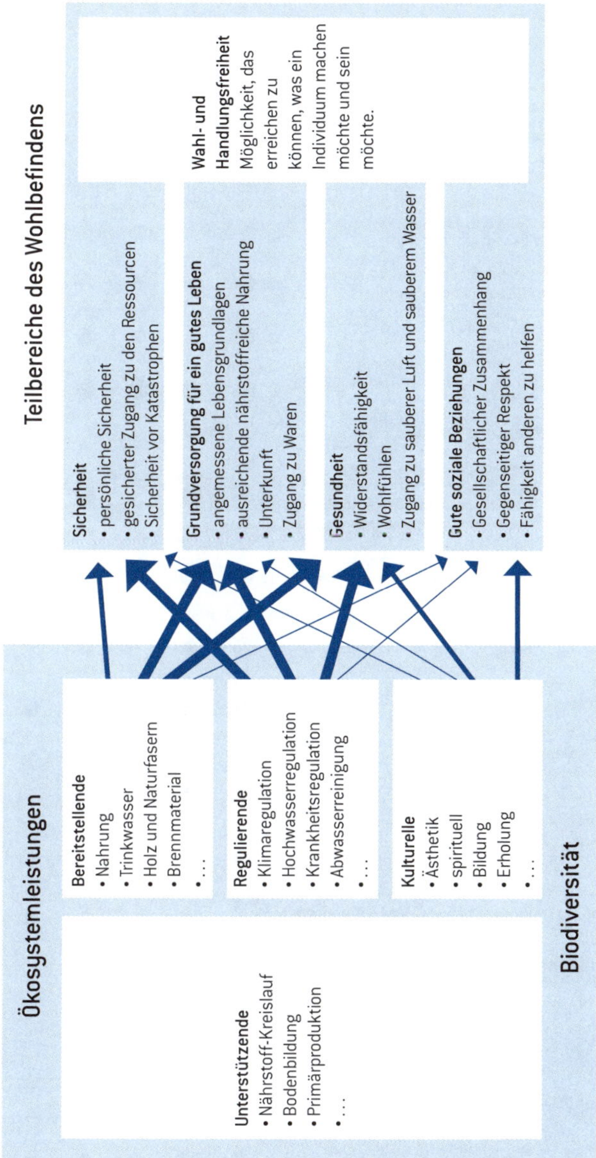

Ökosystemleistungen
Unterstützende
• Nährstoff-Kreislauf
• Bodenbildung
• Primärproduktion
• …
Bereitstellende
• Nahrung
• Trinkwasser
• Holz und Naturfasern
• Brennmaterial
• …
Regulierende
• Klimaregulation
• Hochwasserregulation
• Krankheitsregulation
• Abwasserreinigung
• …
Kulturelle
• Ästhetik
• spirituell
• Bildung
• Erholung
• …
Biodiversität
Teilbereiche des Wohlbefindens
Sicherheit
• persönliche Sicherheit
• gesicherter Zugang zu den Ressourcen
• Sicherheit vor Katastrophen
Grundversorgung für ein gutes Leben
• angemessene Lebensgrundlagen
• ausreichende nährstoffreiche Nahrung
• Unterkunft
• Zugang zu Waren
Gesundheit
• Widerstandsfähigkeit
• Wohlfühlen
• Zugang zu sauberer Luft und sauberem Wasser
Gute soziale Beziehungen
• Gesellschaftlicher Zusammenhang
• Gegenseitiger Respekt
• Fähigkeit anderen zu helfen
Wahl- und Handlungsfreiheit
Möglichkeit, das erreichen zu können, was ein Individuum machen möchte und sein möchte.

Ökosystemleistungen	Beispiele	Flüsse und Bäche	Permanente Seen	Saisonale Seen und Sumpfgebiete	Bewaldete Feuchtgebiete, Sümpfe, überflutete Flusstäler	Feuchtgebiete im Gebirge und in der Tundra	Grundwassersysteme, auch Höhlen
Unterstützende Ökosystemleistungen							
Biodiversität	Lebensräume für ansässige und durchziehende Arten	⬤	⬤	●	●	•	•
Bodenbildung	Akkumulation von organischem Material	⬤	•	●	⬤	•	
Nährstoffkreislauf	Aufnahme, Wiederaufbereitung und Speicherung	⬤	⬤	⬤	⬤	•	•
Regulierende Ökosystemleistungen							
Klimaregulierung	Regulierung der Treibhausgase, Temperatur, Niederschlag und anderen Klimaprozessen; chemische Zusammensetzung der Atmosphäre	•	⬤	•	⬤	•	•
Wasserregulierung	Grundwasserspeicherkapazität, Wasserspeicherkapazität für Bewässerung	⬤	⬤	●	●	•	•
Abfallstoffbehandlung	Zurückhaltung, Erholung und Beseitigung von Verschmutzungen und überflüssigen Nährstoffen	⬤	●	•	●	•	●
Naturgefahren	Schutz vor Stürmen, Regulierung von Hochwasser	●	⬤	⬤	●	●	•
Bereitstellende Ökosystemleistungen							
Nahrung	Produktion von Fischen, Wildtieren, Früchten, Getreide	⬤	⬤	⬤	⬤	•	
Wasserangebot	Rückhaltevermögen und Speicherung von Wasser, Wasserangebot für Bewässerung, Trinkwasser	⬤	⬤	●	•	•	⬤
Rohstoffe, Brennstoffe	Produktion von Bauholz, Brennholz, Torf, Streu	●	●	•	⬤	●	
Kulturelle Ökosystemleistungen							
spirituell	Persönliche Gefühle und Wohlergehen; religiöse Bedeutung	⬤	⬤	●	●	•	•
Erholung	Möglichkeiten für Tourismus und Erholungsaktivitäten	⬤	⬤	●	•	•	•
Ästhetik	Würdigung der Natur	⬤	●	•	●	•	•
Ausbildung	Möglichkeiten für Bildung und Schulung	⬤	⬤	●	●	•	•

Artenvielfalt, Ökosystemfunktion und Stabilität

Die Eigenschaften eines Ökosystems werden weitgehend von der Summe der verschiedenen funktionellen Eigenschaften bestimmt, die in einer Lebensgemeinschaft vertreten sind. Daraus ergeben sich die folgenden Fragen:

- Wie viele Arten sind an der Funktion eines Ökosystems beteiligt?
- Welche Arten spielen für die Funktion eines Ökosystems eine bedeutende Rolle und welche Arten sind weniger wichtig?
- Wann sind Wechselwirkungen zwischen Arten wichtig für die Funktion des Ökosystems?
- Sind artenreiche Ökosysteme funktionstüchtiger und stabiler als artenarme Systeme?

Innerhalb eines Ökosystems können manche Arten die gleichen ökologischen Funktionen ausführen. Solche redundanten Arten werden als zusätzliche Absicherung eines Systems betrachtet (**Versicherungshypothese**; *insurance hypothesis*). Auch kann die Qualität einer Ökosystemfunktion mit der Zahl der beteiligten Arten steigen (siehe weiter unten). Im Gegensatz dazu nimmt die **Redundanzhypothese** *(redundancy hypothesis)* an, dass alle Arten einer funktionellen Gruppe (z.B. Stickstofffixierende Leguminosen) ihre Ökosystemfunktion gleich gut ausüben können und dass es keine erhöhte Sicherheit gibt, wenn diese Funktion durch mehrere Arten ausgeführt wird. Einzelne Arten in einem Ökosystem sollten also entbehrlich sein, da ihre Funktion durch andere übernommen werden kann. Wenn aber die letzte Art einer funktionellen Gruppe ausfällt, kann die spezielle Funktion nicht mehr ausgeführt werden.

Artenreiche Ökosysteme können ihre **funktionelle Integrität** über längere Zeit wahren und Umweltveränderungen besser abpuffern als artenarme Ökosysteme. Denn sobald zahlreiche Arten vorhanden sind, überlappen sie sich teilweise in ihrer Funktion. Beim Ausfall einzelner Arten (beispielsweise durch lokales Aussterben) werden so die Ökosystem-Dienstleistungen aufrechterhalten.

Tabelle 5: Dienstleistungen von Ökosystemen in Inlandgewässern und Feuchtgebieten. Die Einschätzungen der Fachleute beziehen sich auf einen weltweiten Durchschnitt der jeweiligen Bedeutung; regionale und lokale Abweichungen sind möglich.
• geringe Bedeutung, ● mittlere Bedeutung, ⬤ hohe Bedeutung
(vereinfacht nach Millennium Ecosystem Assessment 2005).

Als Störungen werden in der Ökologie Einzelereignisse bezeichnet, die in kurzer Zeit eine deutliche Wirkung zeigen (z.B. Lawinen, heftige Gewitter, tropische Wirbelstürme, Flutwellen, Feuer). Störungen bedeuten Auslenkungen aus dem Normalzustand und kommen nahezu in allen Ökosystemen vor. Sie können natürlichen oder anthropogenen Ursprungs sein, und haben einen wesentlichen Einfluss auf die Dynamik eines Ökosystems. **Resilienz** ist ein Maß für die Geschwindigkeit, mit der gestörte Ökosysteme wieder in den Normalzustand zurückkehren. Resiliente Ökosysteme kehren relativ schnell wieder in den Ausgangszustand zurück. **Resistenz** hingegen charakterisiert die Fähigkeit von Ökosystemen, Veränderungen durch Störungen von Anfang an zu vermeiden bzw. abzupuffern. Im Allgemeinen sind artenreiche Ökosysteme resistenter gegen Störungen als artenarme Ökosysteme. Die Biodiversität sorgt also dafür, dass das Ökosystem zunächst wenig auf Störungen reagiert und dient so als eine Art «Versicherung». Allerdings lässt sich nicht voraussagen, welche Arten ersetzbar sind und welche nicht. Erst wenn die Vielfalt eines Systems massiv reduziert ist, ganze funktionelle Gruppen ausfallen oder bestimmte Schlüsselarten verschwinden, verändert sich das System.

Die Rolle einer Art in einem Ökosystem kann oft erst erkannt werden, wenn sich die Bedingungen ändern – wenn zum Beispiel durch Intensivierung der Beweidung oder bedingt durch den Klimawandel starke Erosion auftritt. Dann kann einer unscheinbaren Art plötzlich eine Schlüsselrolle zukommen. Der Walliser Schwingel *(Festuca valesiaca)*, eine Grasart alpiner Tälern, hat die Eigenschaft, die Kanten großer Erosionsgräben zu befestigen und damit der Erosion entgegenzuwirken. An steilen Hängen fällt die Art unter den anwesenden Pflanzenarten nicht auf. Bei Erdrutschungen bleibt der Walliser Schwingel als letzte Pflanzenart am Rande der Abrissstellen übrig und kann mit ihren vernetzenden Wurzeln den instabilen Boden befestigen. Um die Integrität der Ökosysteme zu bewahren, ist es wichtig, eine hohe Biodiversität zu erhalten; schließlich hat jede Art das Potenzial, je nach Umweltbedingungen für die Funktion des Ökosystems besonders wichtig zu werden. Im Sinne des Vorsichtsprinzips lässt sich daraus die Schlussfolgerung ziehen, dass jede – auch scheinbar redundante – Art wichtig ist, solange deren spezifische Funktion nicht bekannt ist.

Erhöhte Artenvielfalt steigert die Ökosystemleistung

Eine Meta-Analyse von 446 experimentellen Studien, welche den Zusammenhang zwischen Biodiversität und Ökosystemleistungen untersuchten, ergab, dass eine erhöhte Diversität innerhalb einer trophischen Stufe (z.B. nur Pflanzen oder nur Herbivoren) im Allgemeinen deren Produktivität steigert (Balvanera et al. 2006). Das bedeutet, dass artenreiche Systeme besonders viel zur Bereitstellung von Nahrung, Holz und Naturfasern für den Menschen beitragen. Der positive Einfluss der Diversität auf das Pflanzenwachstum spielt aber auch für andere Ökosystemleistungen eine wichtige Rolle. So kann beispielsweise mehr klimaaktives Kohlendioxid (CO_2), das sich in der Atmosphäre befindet, gebunden und in fester Form eingelagert werden. Artenreichere Pflanzensysteme sind somit effektivere CO_2-Senken. Eine höhere Pflanzendiversität hat zudem einen positiven Effekt auf die Wurzelproduktion und auf die mikrobielle Biomasse. Ausgeprägte Wurzel- und Mykorrhizanetze befestigen den Boden in Hanglagen und schützen ihn vor Erosion. Je mehr sich die Wurzeln verschiedener Pflanzenarten in ihrer unterschiedlichen Architektur ergänzen, desto wahrscheinlicher ist es, dass der Boden auch bei starken Niederschlagsereignissen nicht weggeschwemmt wird. Eine erhöhte Pflanzendiversität hat auch einen positiven Einfluss auf die Aktivität und Diversität der Bodenorganismen, die totes pflanzliches und tierisches Material zersetzen und die darin enthaltenen Nährstoffe wieder für Pflanzen verfügbar machen. Die Diversität – sowohl von Pflanzen als auch von Mykorrhiza – erhöht zudem den Nährstoffgehalt in den Pflanzen und reduziert den Nährstoffverlust des Ökosystems.

Die Diversität einer etablierten Gemeinschaft kann auch die Lebensfähigkeit einwandernder Arten reduzieren. Nicht-einheimische Arten zeigen in artenreichen Gemeinschaften eine geringere Verbreitung, eine reduzierte Fortpflanzungsleistung und höhere Sterblichkeit als in artenarmen Gemeinschaften. Viele einwandernde Arten können sich überhaupt nicht in artenreichen Systemen etablieren. Somit sind artenreiche Gemeinschaften oft resistenter gegen invasive Arten.

In Landschaften mit intensiver Bewirtschaftung sind Anzahl und Vielfalt der natürlichen Bestäuber (Wildbienen, Hummeln, Schmetterlinge, Schwebfliegen) reduziert. Dies führt zu einer Abnahme der «Bestäubungs-Dienstleistung», wodurch Ernteeinbußen entstehen können. Eine vielfältige Gesellschaft von Bodenorganismen reduziert Ernteausfälle, die durch Schädlinge oder Pilzbefall im Boden verursacht werden.

Zudem erfolgt die Ausbreitung von Krankheitserregern weniger schnell in artenreichen Ökosystemen als in artenarmen Systemen.

Experimentelle Untersuchungen auf Wiesen verteilt über ganz Europa zeigten, dass eine Reduktion der Anzahl Pflanzenarten um die Hälfte zu einer Abnahme der Produktivität (Biomasse) um 10–20 % führt (Spehn et al. 2005). Probeflächen mit nur einer Pflanzenart produzierten im Durchschnitt 50 % weniger Biomasse als gleich große Flächen, die 24–32 verschiedene Pflanzenarten enthielten. Eine reduzierte Pflanzendiversität führt auch zu einer größeren Auswaschung von Nährstoffen, was langfristig zu einer Abnahme der Bodenfruchtbarkeit führt und damit zusätzlich die Produktivität reduziert.

Die Biodiversität ist auch eine wichtige Grundlage für eine gesunde Ernährung. So enthält beispielsweise Alpmilch und der aus ihr produzierte Alpkäse viele ungesättigte Fettsäuren. Darunter sind Fettsäuren, die wichtig sind für die Entwicklung des Gehirns und des Nervensystems und die das Risiko vermindern, an Herzkreislaufbeschwerden zu erkranken. Es wird angenommen, dass Kühe, die auf artenreichen Alpwiesen weiden, gesündere Milch produzieren als Kühe, die Gras von artenarmen Fettwiesen erhalten. Der Zusammenhang zwischen der Artenvielfalt des Futters und der genauen Zusammensetzung der Milch wird nun untersucht.

Beeinträchtigte Ökosysteme leisten weniger

Durch einmalige, wiederholte oder langandauernde Eingriffe können die Menschen Ökosysteme verändern. Dabei werden oft mehrere Dienstleistungen eines Ökosystems beeinträchtigt, in gewissen Fällen fallen sogar einzelne Funktionen aus. Geschwächte Ökosysteme haben also eine reduzierte Leistungsfähigkeit. So wirkt die intensive Bewirtschaftung von Ackerflächen gegen die Fähigkeit des Ökosystems, den durch Erosion verloren gegangenen Humus zu ersetzen. Entwaldung oder der Verlust der Ufervegetation verringert neben der Wasserspeicherungskapazität auch die Kapazität des terrestrischen Ökosystems zum Rückhalt und Recyclen von Nährstoffen, wodurch große Mengen an Nitrat und anderen Pflanzennährstoffen in Gewässer gelangen.

Die verschiedenen Leistungen, die ein Ökosystem erbringen kann, sind nicht unabhängig voneinander. Eine gegenseitige Beeinflussung *(trade-off)* von Ökosystemleistungen ist beispielsweise in der Landwirtschaft erkennbar. Wird durch intensive Landnutzung eine Ökosystemleistung stark gefördert, können andere (möglicherweise gleich wichtige) Leistungen des Ökosystems reduziert werden. Durch den intensiven Einsatz von Kunstdünger und Pestiziden kann der Ertrag an Nahrungsmitteln erhöht werden, gleichzeitig wird aber die Vielfalt der nützlichen wirbellosen Tiere verringert, wodurch andere Ökosystemleistungen wie Bestäubung, biologische Kontrolle von Schädlingen und Nährstoffkreislauf reduziert werden.

Das Konzept der Ökosystem-Dienstleistungen ist wichtig, weil es die Aufmerksamkeit darauf richtet, wie Ökosysteme zum Wohlergehen der Menschen beitragen. Dadurch bildet es einen Gegenpol zu rein ökonomischen Überlegungen, welche die Ausnutzung der Biodiversität in den Vordergrund stellen (Kapitel 6).

Vorlage für moderne Technologien

Neben den Ökosystem-Dienstleistungen profitieren die Menschen auch auf andere Weise von der Biodiversität, dient sie doch als Vorbild für neue Technologien. So wurde beispielsweise 1951 der Klettverschluss, der Anwendungen bei Schuhen, Taschen und Babywindeln hat, zum Patent angemeldet. Sein Prinzip beruht auf dem Ineinandergreifen kleiner Widerhäkchen, wie sie die Große Klette *(Arctium lappa)* zum Festhalten ihrer Früchte im Fell herumstreifender Säugetiere ausnutzt. Bei verschiedenen Pflanzen (Akelei, Weißkohl, Lotosblumen) und manchen Insekten perlt Wasser in Tropfen ab und nimmt dabei auch alle Schmutzpartikel auf der Oberfläche mit. Der Grund dafür ist die komplexe mikro- und nanoskopische Struktur der Oberfläche, welche die Haftung von Schmutzpartikeln minimiert. Diese als Lotuseffekt bekannte Selbstreinigungsfähigkeit wasserabweisender Oberflächen wurde in den 1970er-Jahren entdeckt und seit Mitte der 1990er-Jahre in technische Produkte übertragen. Spinnennetze sind das Vorbild für Dachkonstruktionen, wie z.B. des Münchner Olympiastadions.

Weiterführende Literatur

EASAC (2009) Ecosystem services and biodiversity in Europe. European Academies Sciences Advisory Council. Policy Report 09 (erhältlich auf www.easac.eu).

Millennium Ecosystem Assessment (2005) Ecosystems and human well-being: Biodiversity synthesis. Island Press, Washington, DC.

6

Biodiversität ist ökonomisch bedeutsam

Zusammenfassung

Die Kosten, die durch Übernutzung lebender Ressourcen oder durch Schäden an Ökosystemen entstehen, werden in der Wirtschaft und in Staatsbudgets selten berücksichtigt. In der Umweltökonomie wurden deshalb Methoden entwickelt, mit deren Hilfe sich der Nutzen verschiedener Komponenten der biologischen Vielfalt wie Ökosystemleistungen und derjenige einzelner Pflanzen- und Tierarten in Geldgrößen bewerten lassen. So wurde beispielsweise der jährliche Wert aller Ökosystem-Dienstleistungen von der globalen Biodiversität auf 33 Billionen US-Dollar geschätzt. Mit der fortschreitenden Zerstörung der biologischen Vielfalt entstehen der Menschheit enorme wirtschaftliche Verluste. Werden diese Verluste von der Bevölkerung und der Politik wahrgenommen, kann das Wissen zu verändertem Verhalten und neuen Strategien oder Maßnahmen führen. Wichtig bei den ökonomischen Betrachtungen der Biodiversität sind auch der Optionswert sowie die Existenz- und Vermächtniswerte der einzelnen Arten oder Ökosysteme, also Werte die unmittelbar keinen direkten Nutzen erbringen.

Ökonomischer Wert der Ökosystemleistungen

Ökosysteme erbringen für den Menschen relevante Leistungen, die anders nur schwer zu erbringen sind. Diese Leistungen werden von den konventionellen Wirtschaftssystemen ignoriert, obwohl die weltweite Bedrohung der Ökosysteme und ihre teilweise markante Schädigung weithin bekannt sind. Seit einigen Jahren gibt es aber Bestrebungen, den monetären Wert der verschiedenen Ökosystemleistungen zu erfassen. Die Zahlen sollen helfen, dass Biodiversitätsaspekte in politischen und wirtschaftlichen Entscheiden ein größeres Gewicht erhalten. Der Wert von ökologischen Leistungen und Ressourcen kann so gegen die Gewinne aufgerechnet werden, die mit umweltzerstörenden Industrieprojekten und anderen menschlichen Aktivitäten erzielt werden.

Aus wirtschaftlicher Sicht bestehen Ökosystemleistungen aus Gütern und Dienstleistungen. Für deren Werteinschätzung werden verschiedene Ansätze und Methoden verwendet. Bei Ökosystemleistungen werden häufig die normalen Kosten der technischen Ersatzmaßnahmen festgelegt, die bei deren Ausfall eingesetzt werden müssten. Bei kulturellen Ökosystemleistungen (z.B. Wert eines Naturerlebnisses) ist eine Abschätzung des monetären Wertes schwieriger (siehe unten). Für einige Güter (Holz, Früchte, Fleisch) kann der marktübliche Preis eingesetzt werden. Für Güter ohne eigentlichen Markt (saubere Luft, intakte Landschaft) müssen indirekte Methoden angewendet werden. Oft bezieht sich die ökonomische Bewertung auf den Mehrwert an Leistungen des Ökosystems im Zustand A im Vergleich zu Zustand B (z.B. Wiese mit 80 Pflanzenarten im Vergleich zur Wiese mit 20 Arten).

In einer Pionierarbeit ermittelte eine Gruppe von Fachleuten einen Wert von 33 Billionen US-Dollar für die jährlichen Leistungen der globalen Biodiversität (Costanza et al. 1997). Dieser als Minimalschätzung bezeichnete Wert ist unvorstellbar groß und entspricht fast dem doppelten jährlichen Bruttonationaleinkommen aller Staaten. Dies bedeutet, dass der Wert der weltweit produzierten Waren zusammen mit den Dienstleistungen aller Menschen in einem Jahr ungefähr halb so groß ist wie der Wert aller Ökosystem-Dienstleistungen im gleichen Zeitraum.

Dieser Ansatz wurde in verschiedenen Modellen weiterentwickelt. So schätzte eine Studie den ökonomischen Wert der Dienstleistungen aller Korallenriffe zusammen auf 29,8 Milliarden US-Dollar pro Jahr (Cesar et al. 2003). Im Projekt «*The Economics of Ecosystems and Biodiversity*» (TEEB) wird Expertenwissen aus den Bereichen der Wissenschaft, der Wirtschaft und der Politik aus allen Teilen der Erde zusammengeführt, um die wirtschaftlichen Folgen des Biodiversitätsverlustes abzuschätzen (www.teebweb.org). So wird beispielsweise der durchschnittliche Wert der Ökosystem-Dienstleistungen eines tropischen Regenwaldes auf 6120 US-Dollar pro Hektar und Jahr geschätzt (Maximum 16 362 US-Dollar; Tabelle 6). Dieser Wert ist ein Vielfaches höher als der jährliche Ertrag, der bei landwirtschaftlicher Nutzung einer gerodeten Fläche von gleicher Größe erzielt werden kann. Die Tabelle 6 zeigt auch, wie viele verschiedene Dienstleistungen das Ökosystem «tropischer Regenwald» erbringt und wie unterschiedlich die einzelnen Beiträge sind. Insbesonders der Klima- und Wasserregulation wird dabei ein großer Wert beigemessen.

	Mittelwert	Maximum
Bereitstellende Dienstleistungen		
Nahrungsmittel	75	552
Wasser	143	411
Rohstoffe	431	1418
Genetische Ressourcen	483	1756
Medizinalstoffe	181	562
Regulierende Dienstleistungen		
Luftqualität	230	449
Klimaregulation	1965	3218
Wasserregulation	1360	5235
Abfallabbau/Wasserreinigung	177	506
Verhinderung von Erosion	694	1084
Kulturelle Dienstleistungen		
Möglichkeiten für Erholung und Tourismus	381	1171
Total	**6120**	**16 362**

Tabelle 6: Monetärer Wert der Ökosystem-Dienstleistungen eines tropischen Regenwaldes. Dargestellt sind Mittelwerte und Maxima in US$ pro Hektar und Jahr (Stand 2007; nach TEEB 2009).

TEEB ermittelt auch weltweite Schätzungen. Erste Ergebnisse weisen darauf hin, dass die Menschheit bei einer anhaltenden Reduktion der biologischen Vielfalt Ökosystem-Dienstleistungen von sehr großem Wert verlieren wird (www.teebweb.org). Laut TEEB können Regierungen schon jetzt Schritte zur Einbeziehung der Ökosystemleistungen in ihre volkswirtschaftliche Gesamtrechnung unternehmen, um zu beurteilen, wie sie mit der Biodiversität umgehen.

Ökonomischer Wert von Arten

Der Nutzen von Kulturpflanzen und Haustieren ist unbestritten und über ihre vom Menschen nutzbaren Produkte direkt in Geld meßbar. Ähnliches gilt für Bäume, die Bau- und Brennholz liefern, Arznei- und Faserpflanzen sowie für Fische und jagdbares Wild. Blütenbesucher sichern über die Bestäubung die Bildung von Samen oder Früchten. Ihr ökonomischer Wert ist daher mit der Produktion von beispielsweise Rapsöl oder Obst korreliert, was eine grobe Schätzung ihres monetären Wertes zulässt. Viele Arten haben einen hohen Wert, weil sie im Rahmen der biologischen Schädlingskontrolle Unkräuter und Schädlinge wirkungsvoll unterdrücken können. So sind Schlupfwespen erfolgreiche Gegenspieler von Schildläusen und Kohlfliegen, welche den Anbau von Gemüsen stark schädigen würden.

Wildpflanzen und -tiere, welche Wirkstoffe für Medikamente enthalten, sind ebenfalls eine für Menschen wertvolle Ressource. Der Weltmarkt für Pharmazeutika, die von Pflanzen abstammen oder aus Pflanzen gewonnen werden, wird heute jährlich auf 200 Milliarden US-Dollar geschätzt. Cyclosporin A, ein Wirkstoff gegen die Abstoßung körperfremder Gewebe, ermöglicht Organtransplantationen bei Menschen. Dieser Wirkstoff stammt aus zwei in norwegischen Böden gefundenen Schlauchpilzen *(Tolypocladium inflatum* und *Cylindrocarpon lucidum).* Zwei Medikamente (Neoral und Sandimmun) mit diesem Wirkstoff erzielten 2008 einen Jahresumsatz von 956 Millionen US-Dollar. In der gleichen Größenordnung liegt der Jahresumsatz von Medikamenten mit Wirkstoffen des Madagaskar-Immergrüns *(Catharanthus roseus).* Diese Pharmazeutika werden erfolgreich in der Krebstherapie eingesetzt.

Von den fast 3000 Milliarden US-Dollar jährlich, die Costanza et al. (1997) als monetärer Wert von Arten und ihren Produkten weltweit schätzen, entfallen 1386 Milliarden auf den direkten Gegenwert der Nahrungsmittelproduktion, 721 Milliarden beziehen sich auf weitere Rohstoffproduktion, 417 Milliarden entsprechen dem Wert der biologischen Schädlingskontrolle und 117 Milliarden US-Dollar dem Wert der Bestäubung durch Blütenbesucher.

Arten werden auch als Vorlage für die Entwicklung neuer Produkte oder Technologien genutzt (Klettverschluss, Bautechniken; siehe Kapitel 5). Gewisse Organismen (Moose, Flechten, Wasserflöhe) reagieren empfindlich auf bestimmte Belastungen ihrer Umwelt. Ausgewählte Arten finden deshalb Anwendung als Indikatoren. Diese können durch ihre An- oder Abwesenheit das Fehlen oder Vorhandensein von gewissen Schadstoffen anzeigen.

Die in den Beispielen vorgestellten Arten haben einen **direkten Wert** als lebende Ressource. Viele andere Arten haben vermutlich ebenfalls einen (ökonomisch erfassbaren) Wert, der bisher aber noch nicht erkannt wurde. Das Potenzial einer Art, irgendwann in der Zukunft für die Menschen von Nutzen zu sein, wird als deren **Optionswert** bezeichnet. So dürften viele Pflanzen- und Tierarten noch unbekannte Substanzen enthalten, die als Wirkstoffe in neuen Medikamenten von großem Nutzen sein könnten. Der Erhalt der genetischen Vielfalt von Nutzpflanzen sichert auch Optionen für die Züchtung von neuen Sorten in der Zukunft. Je größer die Sortenvielfalt, desto besser lassen sich Nutzpflanzen züchterisch an die Klimaveränderung, neu auftauchende Pflanzenkrankheiten oder an sich ändernde Geschmacksrichtungen der Menschen anpassen.

Ökonomisch relevant sind zudem **Existenz-** und **Vermächtniswerte**, die keinen direkten Nutzen erbringen. So kann die bloße Existenz des Eisbären *(Ursus maritimus)* Freude erzeugen (Existenzwert) – obwohl die meisten Leute nie eines dieser Tiere zu Gesicht bekommen und damit auch nicht direkt von dessen Existenz profitieren. Viele Menschen haben zudem den Wunsch, den künftigen Generationen möglichst viel Biodiversität zu hinterlassen (Vermächtniswert). Werden Existenz- und Vermächtniswerte nicht berücksichtigt, so erhält die Förderung der Biodiversität zu wenig Gewicht.

Unterschiedliche Ansätze

Im Gegensatz zum Wert von Naturgütern, die auf dem Markt gehandelt werden, lässt sich der indirekte ökonomische Wert von Biodiversität wie zum Beispiel die Schönheit einer Landschaft oder der Wert eines Naturerlebnisses nicht so leicht ermitteln. Je nach Fragestellung müssen deshalb spezielle Methoden angewendet werden. So kann mithilfe der Reisekostenmethode der ökonomische Nutzen eines Erholungsgebietes, einer Landschaft oder eines Nationalparks geschätzt werden. Dabei wird davon ausgegangen, dass sich der Wert des Gebietes in den Reisekosten, welche die Besucher auf sich nehmen, widerspiegelt. Je mehr eine Person aufwendet, um ins Gebiet zu gelangen, desto mehr ist ihr der Besuch dieses Gebietes wert. Bewertungen der Schönheit einer Landschaft oder des ökonomischen Nutzens eines Schutzgebietes beruhen aus Mangel an alternativen Bewertungsmethoden fast ausschließlich auf Befragungen. Kombiniert mit Übernachtungsstatistiken lassen Befragungen beispielsweise den Beitrag von Großraumschutzgebieten für die regionale Wirtschaft berechnen, was einem Teil der kulturellen Dienstleistungen der Ökosysteme entspricht (Tabelle 6). So bringen Touristen, die den Müritz-Nationalpark in Mecklenburg-Vorpommern (Deutschland) besuchen, der regionalen Wirtschaft jährlich 5,6 Millionen €, was 261

Arbeitsplätzen entspricht (Job et al. 2005). Die Werte der kulturellen Dienstleistungen des Nationalparks für die lokale Bevölkerung sowie diejenigen der bereitstellenden und regulierenden Dienstleistungen sind in diesem Betrag nicht enthalten.

Bei der kontingenten Bewertungsmethode *(contingent valuation method)* werden mit Fragebögen oder in Interviews Personen direkt gefragt, wie viel ihnen die Nutzung des Gebietes oder die Erhaltung der biologischen Vielfalt eines Gebietes wert ist, beziehungsweise wie viel sie dafür zu zahlen bereit sind. Anhand der geäußerten Zahlungsbereitschaft kann der Wert des Gebietes für eine spezielle Nutzung (z.B. Wandern) oder der Wert der biologischen Vielfalt geschätzt werden. Untersuchungen zeigen aber, dass Umfragen häufig die Zahlungsbereitschaft stark überschätzen.

Grundsätzlich sind ökonomische Bewertungen von Ökosystemleistungen möglich, auch wenn sie nur Größenordnungen und keine festen Preise ergeben. Zudem muss man auch die Grenzen der Monetarisierung sehen. Es gilt beispielsweise, Doppelzählungen von Leistungen in Gesamtrechnungen zu vermeiden und schwer bewertbare Leistungen qualitativ zu berücksichtigen.

Grundlagen für politische Entscheide

Die ökonomische Bewertung der Biodiversität leistet in der Debatte über den Schutz ökologischer Ressourcen einen wichtigen Beitrag. Allerdings können ökonomische Argumente den Schutz der Biodiversität nicht abschließend begründen. Viele Arten haben nach heutigem Kenntnisstand keinen ökonomischen Nutzwert. Dies gilt vor allem für die seltenen Arten, die (möglicherweise) wenig zu den Ökosystem-Dienstleistungen beitragen. Eine der größten Herausforderungen in der Zukunft dürfte die Entwicklung einer neuen ökologischen Wirtschaft sein, in welcher der Wert von Arten, Lebensgemeinschaften und Ökosystemen einem finanziellen Wert gleichgesetzt wird.

Zahlreiche Personen vertreten auch die Ansicht, dass jeder Versuch, der biologischen Vielfalt einen rein monetären Wert zuzumessen, verfehlt und potenziell schädlich sei, da vieles in der Natur einzigartig ist und somit keinen Preis hat. Als Beispiele führen sie den ökonomischen Wert eines Menschenlebens auf, das durch medizinisch wirksame Inhaltsstoffe einer wildlebenden Pflanze gerettet werden kann (sowie den Wert aller Menschenleben, die in Zukunft noch damit gerettet werden können) oder den Wert des Erlebnisses, einen Elefanten in freier Wildbahn beobachten zu können. Zudem hat Biodiversität neben dem rein ökonomischen Wert auch einen ethischen Wert (Kapitel 7).

Weiterführende Literatur

Costanza R., d'Arge R., de Groot R. et al. (1997) The value of the world's ecosystem services and natural capital. Nature 387: 253–260.

www.teebweb.org – TEEB *(The Economics of Ecosystems and Biodiversity)*

7

Biodiversität hat einen ethischen Wert

Zusammenfassung

Für die Bewahrung der biologischen Vielfalt sprechen nicht nur ihre Dienstleistungen und Produkte, sondern auch gewichtige ethische Argumente. Jede Art ist um ihretwillen wertvoll; sie besitzt einen Eigenwert, der nicht von menschlichen Bedürfnissen abhängt. Deshalb hat jede Art das Recht zu existieren. In diesem Kapitel werden ethische Argumente zum Schutz der Biodiversität vorgestellt und unterschiedliche Formen von Umweltethik skizziert.

Eigenwert einer Art

Den Wert der Biodiversität nur auf Ökosystem-Dienstleistungen und ökonomische Aspekte zu beschränken, ist fragwürdig. Denn es ist keineswegs sicher, ob diese beiden Ansätze die gesamte biologische Vielfalt abdecken. Mit großer Wahrscheinlichkeit könnte die Menschheit auf eine ganze Reihe von Arten verzichten, weil sie – gemäß heutigen Kenntnissen – keinen direkten Nutzen für den Menschen erbringen. Aus ethischer Sicht sind Theorien, welche die Auffassung vertreten, der biologischen Vielfalt komme nur ein Bedürfniswert zu, wenig überzeugend. Vielmehr können der Biodiversität auch verschiedene moralische Werte zugeschrieben werden, die in der Bevölkerung breite Unterstützung finden. Die nachfolgende Zusammenstellung skizziert einige wichtige Ansichten und Gedankengänge, erhebt aber keineswegs Anspruch auf Vollständigkeit.

Aus ethischen Gründen kann argumentiert werden, dass jede Art ihre Daseinsberechtigung hat und zwar auch dann, wenn es keine Menschen geben würde, die direkten Nutzen von ihr haben oder sich an ihr erfreuen. Von diesem Standpunkt aus besitzt jede Art einen **Eigenwert**. Deshalb sind alle Arten schützenswert, auch solche ohne wahrnehmbaren ökonomischen Wert. Dieses Argument wurzelt in den Wertsystemen der meisten Religionen, Philosophien und Kulturen und ist daher allgemein verständlich. Es appelliert an die Achtung vor dem Leben, an die

Wertschätzung der Natur als solcher und (in den Religionen) an die Vorstellung von göttlicher Schöpfung. Arten haben ein Existenzrecht, auch wenn ihnen das Bewusstsein fehlt oder sie kein Nervensystem besitzen, um die Umwelt wahrzunehmen.

Der Mensch *(Homo sapiens)* ist nur eine von mehreren Millionen Arten, welche die Erde bewohnen. In der ca. 3,5 Milliarden Jahre langen Entwicklungsgeschichte des Lebens auf diesem Planeten stellt er zudem eine relativ junge Art dar. Aber keine Art hat jemals in der Erdgeschichte in so kurzer Zeit so dramatische Auswirkungen auf ihre Umwelt gehabt wie der Mensch. Eine zentrale Frage in der Debatte über den ethischen Wert der Biodiversität ist deshalb: «*Welches Recht hat der Mensch, andere Arten auszurotten?*»

Entwicklung verschiedener Ethiken

John Muir, ein berühmter amerikanischer Anwalt der Wildnis, vertrat in seiner **Naturschutz-Ethik** *(preservationist ethic)* die Ansicht, dass reizvolle Landschaftselemente, wie Berggipfel, Wasserfälle und Haine, von großem Wert sind, weil sie spirituelle und religiöse Erfahrungen begünstigen und die Seele erfrischen (Muir 1916). Er glaubte, der ästhetische und spirituelle Wert der Natur sei dem finanziellen Gewinn aus deren kommerzieller Ausbeutung ebenbürtig und übertreffe oft den Wert der dabei gewonnenen Rohstoffe. Gestützt auf die Bibel, sprach Muir (1916) als einer der Ersten der Natur einen eigenen, von ihrem Nutzen für die Menschheit unabhängigen Wert zu.

Eine alternative Betrachtung der Natur wurde von Gifford Pinchot in der sogenannten **Ressourcenschutz-Ethik** *(resource conservation ethic)* vorgestellt. Er vertrat die Ansicht, dass die Güter, die die Natur bietet, «natürliche Ressourcen» für die Menschen darstellen (Pinchot 1947). Im Sinne dieser Ethik werden Naturgüter dann richtig genutzt, wenn «*der größtmögliche Vorteil für die größtmögliche Zahl von Menschen über den längst möglichen Zeitraum*» erzielt wird. Dem Grundsatz dieser Ethik entsprechend sollen die Ressourcen gerecht zwischen den heutigen und den zukünftigen Nutzern und Verbrauchern verteilt werden (Primack 1995). In dieser Denkweise sind Grundelemente der **nachhaltigen Entwicklung** *(sustainable development)* erkennbar. Das Effizienzprinzip schließt die Möglichkeit ein, eine Rangordnung verschiedener Nutzungsmöglichkeiten aufzustellen und Ressourcen auch mehrfach zu verwenden. So ist die Freude an einer reizvollen Landschaft eine Art der

Nutzung, die in bestimmten Situationen Vorrang vor der materiellen Ausbeutung der Landschaft hat.

Aldo Leopold, der bekannte Naturschutzpionier in den Vereinigten Staaten, war ursprünglich ein Anhänger der Ressourcenschutz-Ethik. Mit der Zeit sah Leopold jedoch ein, dass diese Ethik das Land als bloße Ansammlung einzelner Güter betrachtete, die sich auf verschiedene Weise nutzen lassen. Er meinte, dass «*niemand sagen kann, wo Nützlichkeit beginnt und endet*», und begann die Natur als Gesamtheit anzusehen, bei der der Mensch Teil der ökologischen Gemeinschaft ist (Leopold 1949). In seiner Ethik gehört die Erhaltung der natürlichen Ökosysteme und ökologischen Prozesse zu den wichtigsten Aufgaben der Landnutzung (**evolutionär-ökologische Landnutzungs-Ethik** oder *evolutionary-ecological land ethic*).

In den vergangenen Jahrzehnten wurden verschiedene ethische Grundsätze von Umweltphilosophen weiterentwickelt. Die **Biozentrische Ethik**, in welcher alle Organismen von den Bakterien über die Würmer bis zum Menschen den gleichen Eigenwert haben, wurde im gemäßigten Biozentrismus gemildert (Rolston 1988). Dieser spricht allen Organismen einen grundlegenden Eigenwert zu, hält aber durch Regeln fest, dass in speziellen Situationen fühlende Tiere eine höhere Priorität haben als nicht fühlende Organismen und Menschen eine noch höhere Priorität als fühlende Tiere. Analog dazu haben Ökosysteme eine höhere Priorität als Arten und Arten eine höhere Priorität als Individuen. Diese Prioritätsregeln erlauben beispielsweise, dass der Mensch zu seiner Ernährung Tiere und Pflanzen töten darf.

Im **Anthropozentrismus** sieht sich der Mensch als Mittelpunkt der weltlichen Realität. Beim moralisch ausgeprägten Anthropozentrismus werden häufig folgende Argumente aufgeführt:

- Der Mensch ist auf die Natur angewiesen. Um die menschlichen Lebensgrundlagen zu sichern, ist es erforderlich die Biodiversität zu schützen (*basic-needs* Argument).
- Die Natur ist einzigartig und für den Menschen unverzichtbar. Von materiellen Belangen abgesehen, braucht der Mensch die Natur, um gut und glücklich leben zu können (ästhetisches Argument).
- Die Natur respektvoll zu behandeln und mit ihr gut umzugehen, erzieht den Menschen zu einem friedvolleren und besseren Umgang mit anderen Menschen (pädagogisches Argument).

Norton (1991) betrachtete gemäßigten Anthropozentrismus als eine anwendbare Form von Umweltschutz-Ethik. Unabhängig von der Ausprägung der verschiedenen Umweltethiken greifen Philosophen immer wieder auf eines oder mehrere der oben aufgeführten oder nachfolgenden Argumente zurück:

- Wenn die Menschheit heute Ressourcen übernutzt und Arten ausrottet, werden zukünftige Generationen einen geringeren Lebensstandard und eine verminderte Lebensqualität haben.
- Der Mensch muss die Verantwortung für seine Handlungen übernehmen. In seinem Drang, Gewinne zu erzielen und seine unmittelbaren Bedürfnisse zu befriedigen, ignoriert der Mensch oft die Auswirkungen seiner Handlungen auf die Umwelt und auf andere Arten. Durch bessere Planung und bescheidenere Bedürfnisse könnte ein beträchtlicher Teil des Ressourcenverbrauchs, der Verschmutzung und der Schäden an der Umwelt vermieden werden.
- Für jede Population einer Art stehen in ihrem Lebensraum begrenzte Ressourcen zur Verfügung. Werden diese übernutzt, geht der Bestand zurück oder die Individuen müssen auswandern. Auch der Mensch muss darauf achten, dass er seine Umwelt nicht ausbeutet (Kapitel 9: Ökologischer Fußabdruck), da er sonst sich selbst und anderen Arten Schaden zufügt.
- Arten sind Teile natürlicher Lebensgemeinschaften. Zwischen vielen Arten bestehen komplexe Wechselbeziehungen. Der Verlust einer Art kann dazu führen, dass andere Arten ebenfalls aussterben.
- Die biologische Vielfalt bietet den Menschen die Möglichkeit der Selbstentfaltung und die Erfahrung menschlicher Freiheit. Durch die Erfahrung und den Umgang mit der Natur können die eigenen bekannten Wertschätzungen auf andere Personen transformiert werden. Biodiversität kommt in diesem Sinne ein Wert zu, der die Bedürfnisse des Menschen in eine positive Richtung verändert. Der Mensch ist somit auch moralisch zum Schutz der Biodiversität verpflichtet.

Weiterführende Literatur

Leopold A. (1949) A sand county almanac and sketches here and there. Oxford University Press, New York.

Norton B.G. (1991) Toward unity among environmentalists. Oxford University Press, New York.

8

Biodiversität ist bedroht

Zusammenfassung

Hauptursachen für das gegenwärtige Artensterben sind die Zerstörung und Veränderung von natürlichen Lebensräumen im Zusammenhang mit der steigenden Bevölkerungszahl und dem erhöhten Pro-Kopf-Verbrauch an natürlichen Ressourcen. Die Zerstörung des tropischen Regenwaldes mit seiner außergewöhnlich hohen Biodiversität ist zum Symbol für den Rückgang der Artenvielfalt geworden. Große Artenverluste sind aber auch auf die Intensivierung und Mechanisierung der Landwirtschaft sowie auf die Ausdehnung von Siedlungs- und Industriegebieten zurückzuführen. Durch derartige naturfremde Flächen und lineare Verkehrsstrukturen wie Straßen, Autobahnen und Eisenbahnlinien werden ehemals zusammenhängende Lebensräume nicht nur flächenmäßig stark reduziert, sondern auch voneinander abgetrennt. Die Fragmentierung der Landschaft vermindert oder verunmöglicht den Individuenaustausch zwischen Populationen und die (Wieder-)Besiedlung von geeigneten Lebensräumen. Neben der Verschmutzung von Wasser und Böden reduzieren auch die Übernutzung von natürlichen Ressourcen (übermäßige Bejagung, sehr intensives Sammeln, überstarke Befischung) und Beeinträchtigungen durch Tourismus und erlebnisorientierten Freizeitaktivitäten die biologische Vielfalt. In den letzten Jahrzehnten wurden gezielt oder zufällig gebietsfremde Arten in neue Regionen oder Kontinente eingeführt. Ein Teil dieser neuen Arten – die invasiven Arten – kann sich an den neuen Standorten stark vermehren und die lokale Biodiversität verändern. Die durch Menschen verursachte Klimaerwärmung ist ein wichtiger Faktor für den Verlust der ursprünglichen lokalen biologischen Vielfalt. Zahlreiche an kalte Bedingungen angepasste Organismen werden aussterben.

Die Weltbevölkerung und der Ressourcenverbrauch nehmen zu

Der Mensch hat seit jeher Biodiversität genutzt und sie dabei auch beeinflusst. Die nacheiszeitlichen Jäger und Sammler reduzierten nachweislich die Großsäuger-Vielfalt in Mitteleuropa. Der Einfluss auf die Vegetation nahm zu, als die Menschen sesshaft wurden und mit der Bewirtschaftung von Feldern begannen. Um Getreide und Gemüse anpflanzen zu können, wurde Wald gerodet. Dieses Grundmuster des anthropogenen Einflusses auf ursprüngliche Ökosysteme wiederholte sich bei jeder Besiedlung eines Kontinentes oder einer Insel.

Mit zunehmender Bevölkerungsdichte nahm der Einfluss des Menschen auf die Ökosysteme zu. Vor 2000 Jahren dürfte die weltweite Bevölkerung 200 bis 250 Millionen Menschen umfasst haben. Ab dem Jahre 1600 nahm die Weltbevölkerung – damals knapp 300 Millionen Menschen – stetig zu, erreichte 1859 1 Milliarde und 1939 2 Milliarden. Seit 1950 ist die Wachstumsgeschwindigkeit stark erhöht; 1959 umfasste die Weltbevölkerung bereits 3 Milliarden und 1999 6 Milliarden Menschen. Im März 2010 bewohnten rund 6,9 Milliarden Menschen die Erde. Die Ursachen für die enorme Zunahme liegen bei den hohen Geburtenraten bei gleichzeitiger Abnahme der Sterberaten infolge deutlicher Fortschritte in der medizinischen Versorgung sowie im Vorhandensein von immer zuverlässigeren Nahrungsquellen. Zwar hat sich das Bevölkerungswachstum in den letzten 10 Jahren verlangsamt (in einigen Industriestaaten liegt es inzwischen nahe bei null), aber in vielen Regionen des tropischen Afrika, Lateinamerika und Asien, die gleichzeitig die Gebiete mit der größten biologischen Vielfalt sind (Kapitel 4), ist es immer noch hoch.

Entsprechend der Zunahme der Bevölkerung wurde auch der Druck auf die natürlichen Ressourcen größer, um die Grundbedürfnisse der Menschen wie Nahrung, Wasser und Wohnraum zu decken. Der globale Ressourcenverbrauch hat in den letzten Jahrzehnten aber noch stärker zugenommen als die Weltbevölkerung, weil die Ansprüche der einzelnen Menschen stiegen. So nahm die Fleischproduktion pro Kopf der Weltbevölkerung von 18 kg im Jahre 1950 auf 36 kg im Jahre 1999 zu (www.fao.org). Der Papierverbrauch pro Kopf wuchs in Industrieländern von 70 kg im Jahre 1961 auf 158 kg im Jahre 1998. Im gleichen Zeitraum nahm der Pro-Kopf-Papierverbrauch in Entwicklungsländern von 2 auf 18 kg zu.

Die Menschheit verbraucht zurzeit mehr natürliche Ressourcen als die Erde regenerieren kann (Kapitel 9: Ökologischer Fußabdruck). In den folgenden Abschnitten wird gezeigt, dass alle Hauptfaktoren, welche die biologische Vielfalt bedrohen, auf den zunehmenden Verbrauch natürlicher Ressourcen durch die wachsende menschliche Bevölkerung zurückzuführen sind.

Habitatzerstörung und veränderte Landnutzung

Pflanzen und Tiere sind von ihrem Lebensraum abhängig. Wenn dieser zerstört oder verändert wird, führt dies zu Verlusten an Arten. Hauptursachen für das gegenwärtige Artensterben sind die Zerstörung und Veränderung von natürlichen Lebensräumen. Eine historisch bedeutsame Veränderung der terrestrischen Lebensräume auf der Erde ist die Umwandlung von Wäldern in landwirtschaftliche Nutzflächen. Für die allermeisten Waldarten bedeutet dies lokales Aussterben (Exkurs Aussterben), und im Falle von tropischem Regenwald vermutlich sogar häufig globales Aussterben. Nach Angaben der UNO-Welternährungsorganisation FAO betrug der globale Nettoverlust an Waldflächen in den 1990er-Jahren schätzungsweise 94 Millionen Hektar, etwa 2,4 % der gesamten Waldfläche der Erde. Die Waldfläche nahm zu Beginn des 21. Jahrhunderts weiter ab (Abb. 10, S. 84). Dabei gibt es große Unterschiede zwischen einzelnen Regionen und Ländern. Der stärkste Waldrückgang ist in Westafrika und Südamerika zu verzeichnen. Bei den vorgestellten Zahlen ist zu beachten, dass Gebiete mit Waldzunahme mitgerechnet sind. In einigen tropischen Ländern gibt es inzwischen großangelegte Aufforstungsprogramme. Der auf abgeholzten Flächen entstehende Sekundärwald kann zwar eine beträchtliche Artenvielfalt aufweisen – vorausgesetzt dass weiterhin noch Flächen des ursprünglichen Regenwaldes in unmittelbarer Nähe existieren – dürfte aber kaum die außergewöhnlich hohe Diversität des ursprünglichen Waldes erreichen (Chazdon et al. 2009). In Gebirgen gemäßigter Zonen nimmt die Waldfläche nach Aufgabe der Beweidung der durch Menschen geschaffenen Alpweiden und -wiesen durch natürliche Sukzession wieder zu (Kapitel 4).

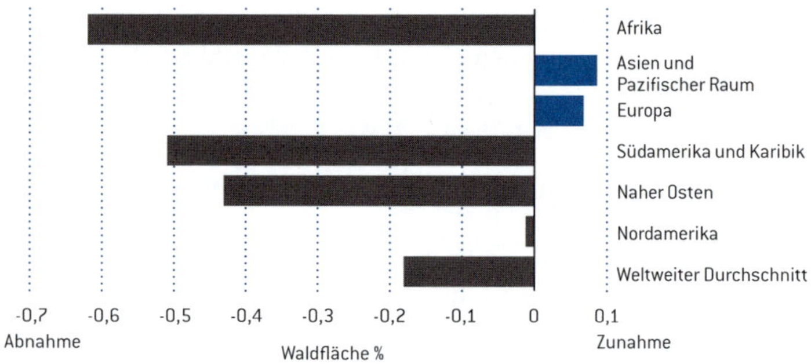

Abb. 10: Veränderung der Waldfläche zwischen den Jahren 2000 und 2005. Dargestellt ist die jährliche Netto-Veränderung in Prozent der jeweiligen Waldfläche. In Afrika und Südamerika nahm die Waldfläche jedes Jahr um 0,51 bis 0,62 % ab, während in Europa und Asien ein Zuwachs erkennbar ist (nach FAO, *State of the World Forests 2007*, www.fao.org).

Die Zerstörung des tropischen Regenwaldes mit seiner einmaligen Biodiversität ist zum Synonym für einen starken Rückgang der Artenvielfalt geworden. Global gesehen gehen jährlich bis zu 140 000 km^2 tropischer Regenwald verloren. In Madagaskar wurde beispielsweise die ursprüngliche Regenwaldfläche um über 90 % reduziert. Schätzungen gehen derzeit davon aus, dass die Abholzung von Wäldern weltweit für rund 20 % der menschlich verursachten CO_2-Emissionen verantwortlich ist. Die Zunahme von CO_2 in der Atmosphäre führt zur Klimaerwärmung, welche wiederum negative Auswirkungen auf die Biodiversität haben kann (siehe Klimaerwärmung).

In Mitteleuropa wurden in den vergangenen 7000 Jahren durch wiederholte Rodungen von Wald große Flächen zur landwirtschaftlichen Nutzung gewonnen. Dies führte zum lokalen Aussterben von zahlreichen Waldarten. Das vielerorts entstandene Mosaik aus Wald, Grünland und Ackerbauflächen erhöhte aber in einzelnen Landschaften die Artenvielfalt (Sauberer et al. 2008). Die traditionelle Landnutzung erweiterte das Angebot an Lebensräumen für viele spezialisierte Pflanzen- und Tierarten. Dabei sind vor allem die halbnatürlichen, durch menschliche Aktivität entstandenen Trockenwiesen und -weiden mit ihrer hohen Artenvielfalt zu erwähnen.

Aussterben

Beim Begriff «Aussterben» gilt es zwischen lokalem, regionalem und globalem Aussterben zu unterscheiden. **Lokales Aussterben** betrifft eine Population. Die Art verschwindet beispielsweise aus einem Naturschutzgebiet oder einer Trockenwiese. Für Ökosystemleistungen ist lokales Aussterben von großer Bedeutung. Beim **regionalen Aussterben** verschwindet eine Art aus einem Tal, von einem Gebirge, aus einem Bundesland oder einem Land. Die Art existiert aber noch anderswo. So wurde beispielsweise der Fischotter *(Lutra lutra)* in der Schweiz durch Jagd ausgerottet, in Deutschland kommt diese Art aber noch vor.

Beim **globalen Aussterben** gibt es keine lebenden Individuen von der entsprechenden Art mehr. Sie ist auf der ganzen Erde ausgelöscht. Bekannte Beispiele sind die Dronte (Dodo; *Raphus cucullatus*), welche ausschließlich auf Mauritius vorkam, aber 1665 durch Jagd und eingeführte Tiere ausgerottet wurde, und das Quagga *(Equus quagga)* in Südafrika, welches ca. 1890 durch Jagd ausgelöscht wurde. Lokales Aussterben kann der erste Schritt zum Aussterben einer Art bedeuten, falls dadurch der weitere Individuenaustausch zwischen den Restpopulationen verunmöglicht wird, oder die Restpopulationen zu klein für ein längerfristiges Überleben sind. Zudem bedeutet lokales Aussterben häufig das globale Verschwinden von an spezielle Standortbedingungen angepaßten Genen (Reduktion der genetischen Vielfalt der Art).

Mit dem Zeitalter der Industrialisierung (ab zweite Hälfte des 19. Jahrhunderts) und dem parallel dazu verlaufenden starken Bevölkerungswachstum trat aber eine tiefgreifende Wende ein. War der bäuerliche Betrieb zuvor fast ein geschlossenes System, veränderte er sich schrittweise zur hochtechnisierten Produktionsstätte. Die Erfindung des Kunstdüngers ermöglichte eine völlig andere Nutzung des Grün- und Ackerlandes. Durch Dünger konnte die Produktivität massiv gesteigert werden. Die Bearbeitung des Bodens mit Maschinen erfordert große und zusammenhängende Flächen. Mit sogenannten Güterzusammenlegungen wurden die durch jahrhundertelange Erbteilung zersplitterten kleinen Parzellen zu ausgedehnten Einheiten vereint und maschinengerecht umgestaltet. Naturnahe Landschaftselemente, welche die Bewirtschaftung erschwerten, wurden entfernt: Einzelbäume, Sträucher, Hecken, Steinhaufen, Feuchtgebiete und Tümpel. Im Weiteren wurden topografische Unebenheiten beseitigt,

Waldränder begradigt und Bäche eingedohlt (Ewald und Klaus 2009). Für die wenigen Arten von Feldfrüchten, die in Monokultur angebaut werden, müssen nun regelmäßig chemische Unkraut- und Insektenbekämpfungsmittel (Herbizide und Insektizide) eingesetzt werden. In den Äckern und Wiesen brachten Herbizide Pflanzengesellschaften, die sich während Jahrhunderten den verschiedenen Standorten und Nutzungen angepasst hatten, in wenigen Jahrzehnten zum Verschwinden. Gleichzeitig wurde auch die von den Ackerwildkräutern abhängige Tierwelt stark reduziert.

Die **Intensivierung** und **Mechanisierung** der Landwirtschaft hat in Europa das Landschaftsbild radikal verändert (Baur et al. 2004). Naturnahe Landschaftselemente wurden und werden immer noch aus der Agrarlandschaft entfernt. So wurde beispielsweise die Zahl der ökologisch wertvollen Hochstamm-Obstbäume in der Schweiz zwischen 1951 und 2003 von 14 Millionen auf 2,3 Millionen reduziert (ARE/BAFU 2007). Dies entspricht einem Rückgang von 84 %. Weltweit gilt die intensive, moderne Bewirtschaftung mit den resultierenden Lebensraumveränderungen als Hauptursache für den Biodiversitätsverlust in Agrargebieten. Eine europaweite Untersuchung von 130 Grasländern und 141 Äckern ergab, dass die Pflanzenvielfalt exponentiell mit dem Ausmaß des Stickstoffeintrages (= Grad der Bewirtschaftungsintensität) abnimmt (Kleijn et al. 2009).

Seit wenigen Jahrzehnten führt auch das Gegenteil der Intensivierung, nämlich Flächenstilllegungen, zu einer Abnahme der Artenvielfalt. In topografisch ungeeigneten und abgelegenen Randgebieten, in denen arbeitssparende Mähmaschinen nur bedingt einsetzbar sind und eine Beweidung mit großen Mühen verbunden ist, wird die Bewirtschaftung von Graslandflächen aufgegeben. Der natürlich aufkommende Wald führt zu einem weiteren Rückgang artenreicher Wiesen und Weiden und zum ursprünglich artenärmeren Ausgangszustand.

Zerstückelung der Lebensräume

Durch die Intensivierung der Landwirtschaft, mit der Ausdehnung von Siedlungsräumen und Industriezonen sowie durch den Bau von Straßen, Autobahnen und Eisenbahnlinien werden ehemals zusammenhängende Lebensräume der Pflanzen und Tiere nicht nur flächenmäßig stark reduziert, sondern auch voneinander abgetrennt. In Mitteleuropa sind sämtliche natürliche und halbnatürliche Biotope in den vergangenen Jahrzehnten massiv zerstückelt worden. Ob Trockenwiesen, Moore oder Auen: Nur noch isolierte Restflächen finden sich zerstreut in der

Landschaft (Ewald & Klaus 2009). Die Fragmentierung der Landschaft bedroht die biologische Vielfalt auf subtile Art. Die Barrieren reduzieren den Individuenaustausch zwischen Populationen, die Besiedlung von geeigneten Lebensräumen, die Ausbreitung von Pollen und Samen und bei Tieren die Möglichkeit, sich frei in der Landschaft zu bewegen (Primack 1995). Dadurch bleibt eine genetische Auffrischung durch einwandernde Individuen aus. Bei Pflanzen- und Tierarten sind die Auswirkungen von Inzucht mehrfach dokumentiert worden. Die Wahrscheinlichkeit steigt, dass kleine Populationen aussterben (Groom et al. 2006). Die Fragmentierung be- und verhindert auch den Floren- und Faunenaustausch, der bei der fortschreitenden Klimaerwärmung zu erwarten ist (siehe Klimaerwärmung). Mitteleuropa verfügt über ein sehr dichtes Wege- und Straßennetz. Durch Autobahnen und Bahnlinien können bedeutende Wildkorridore blockiert werden, was die Wanderbewegungen der Wildtiere beeinträchtigt.

Experimentelle Untersuchungen zeigten, dass schon die kleinräumige Fragmentierung eines Trockenrasens die Wechselwirkungen zwischen Organismen verändern kann. So nahm in kleinen Habitatinseln die Häufigkeit der Blütenbesuche durch Hummeln und andere Bestäuber ab (Goverde et al. 2002).

Ausdehnung der Siedlungsfläche

Die Siedlungs- und Industrieflächen nehmen sowohl in Europa wie auch weltweit zu (Abb. 11, S. 88). Biodiversitätsrelevant ist diese Entwicklung vor allem wegen der Zerstörung und Veränderung von Lebensräumen: Naturnahe Habitate werden verkleinert und zerstückelt. Diese bieten veränderte, meistens verschlechterte Lebensbedingungen für die ansässigen Arten; einige ziehen weg, andere sterben aus. Um mehr nutzbares Land zu gewinnen, werden Feuchtgebiete trockengelegt. Die Ausdehnung der Siedlungsgebiete ist besonders ausgeprägt in Entwicklungsländern, oft in den sogenannten Biodiversitäts-Hotspots (Kapitel 4).

Verschmutzung

Auch viele aquatische Ökosysteme sind bedroht und teilweise schon zerstört worden. Über Dünge- und Reinigungsmittel, Siedlungsabwässer und Industrieabfälle gelangen große Mengen an Stickstoff- und

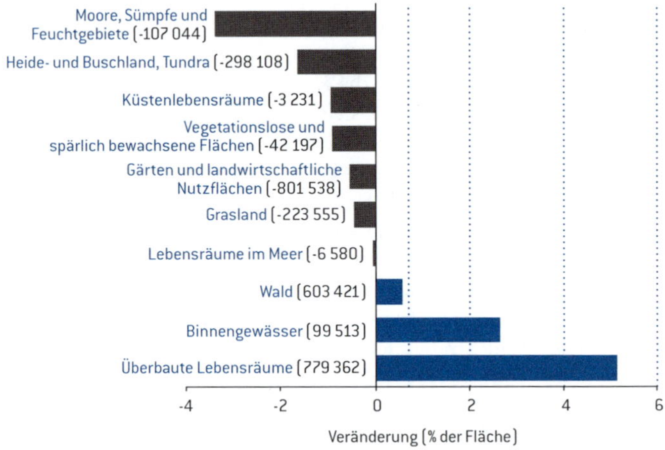

Abb. 11: Prozentuale Veränderung der Fläche verschiedener Lebensräume in Europa zwischen den Jahren 1990 und 2000. Die Zahlen in Klammern zeigen die effektiven Flächenveränderungen auf (in Hektar). Die Fläche der Moore, Sümpfe und Feuchtgebiete nahm stark ab, während die Flächen des Waldes, der Binnengewässer und überbauten Gebieten zunahmen (nach *European Environmental Agency;* www.eea.europa.eu).

Phosphorverbindungen, Salze sowie organische Verbindungen in die Gewässer. Stickstoff und Phosphor führen zur Eutrophierung von Binnen- und Küstengewässern. In verschiedenen Industriestaaten konnten inzwischen durch den Bau von modernen Abwasserreinigungsanlagen große Fortschritte in der Behandlung von verunreinigtem Wasser erzielt werden. Dort erholen sich die ehemals stark verschmutzten Gewässer zusehends, was sich auch in einem Anstieg der Artenvielfalt nachweisen lässt. Ein ungelöstes Problem bleibt die hohe Belastung durch langlebige Umweltchemikalien, beispielsweise durch hormonaktive Substanzen aus Antibabypillen, die unter anderem eine Störung der Geschlechtsdifferenzierung bei Fischen und aquatischen Wirbellosen bewirken. Weltweit gesehen werden die Abwässer in zahlreichen Industrieregionen und bei einem großen Teil der Bevölkerung kaum oder gar nicht gereinigt. Somit übersteigt die globale Wasserverschmutzung bei Weitem die Selbstreinigungskapazität der Gewässer und Meere. In den Binnengewässern und Feuchtgebieten der Erde ist der Rückgang der biologischen Vielfalt deutlich höher als in terrestrischen Lebensräumen (Abb. 12).

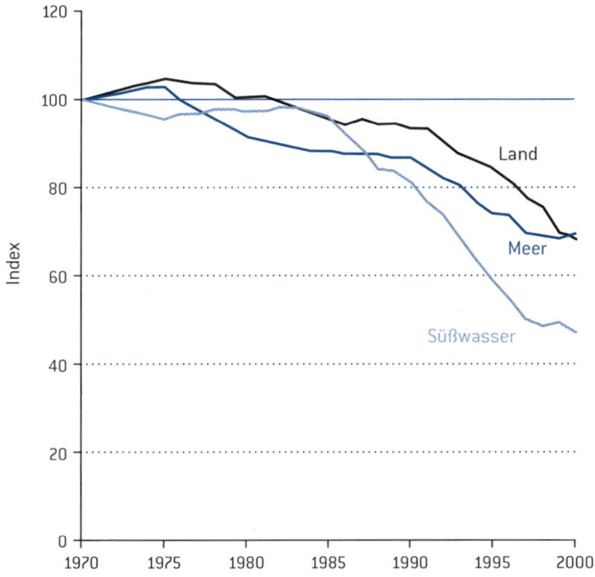

Abb. 12: Abnahme der weltweiten Wirbeltiervielfalt auf dem Land, in den Binnengewässern und im Meer zwischen 1970 und 2000. Der Index wurde zu Beginn der Zeitserie (1970) auf 100 gesetzt. Die Werte basieren auf Abundanzdaten von 555 Land-, 323 Süßwasser- und 267 Meeresvertebraten verteilt über die ganze Erde. Süßwassertiere zeigen die größte Abnahme (mehr als 50 %), während bei den Land- und Meerestieren die Abnahmen bei rund 30 % liegen (nach WWF und UNEP *World Conservation Monitoring Centre*).

Übernutzung natürlicher Ressourcen

Durch übermäßige Bejagung (z.B. Quagga *(Equus quagga)*, Wandertaube *(Ectopistes migratorius)*), sehr intensives Sammeln (Tagfalter, Schneckengehäuse) und überstarke Befischung sind schon zahlreiche Arten ausgerottet worden. Eine langfristig nachhaltige Nutzung von erneuerbaren natürlichen Ressourcen setzt voraus, dass nicht mehr Pflanzen oder Tiere entfernt werden, als gleichzeitig wieder nachwachsen. Dies setzt wiederum detaillierte Kenntnisse über die Populationsdynamik der betroffenen Arten voraus, welche teilweise auch von der Umwelt (Nahrungsmenge, Wassertemperatur) beeinflusst ist. So erschweren jährliche

Schwankungen in den Umweltbedingungen das nachhaltige Management natürlicher Bestände. Das bekannteste Beispiel für die Übernutzung natürlicher Ressourcen dürfte die Ausbeutung der Fischbestände sein, die in vielen Gewässern zum Rückgang und teilweise zum Aussterben von kommerziell wichtigen Arten geführt hat.

Tourismus und Freizeitaktivitäten

In den letzten Jahrzehnten wurde die Arbeitszeit der Menschen in den Industriestaaten stark reduziert. Dadurch gibt es jetzt mehr Freizeit als je zuvor. Das Freizeitverhalten ist geprägt durch eine hohe Mobilität und tendiert verstärkt zu erlebnisorientierten Aktivitäten in der Natur. Für manche «Outdoor»-Aktive dienen Natur und Landschaft jedoch nur als Kulisse: Sie sind wenig sensibilisiert für mögliche negative Auswirkungen ihrer Tätigkeiten auf die Biodiversität. Die Einflüsse auf die biologische Vielfalt können direkt sein, etwa wenn Korallen durch Flossenschlag von Tauchenden abgebrochen werden, wenn bedrohte Pflanzen wie die Grenobler Nelke *(Dianthus gratianopolitanus)* auf Felsrippen zertreten und zum Verschwinden gebracht werden oder wenn Biker und Picknicker seltene Vegetationstypen beeinträchtigen. Noch häufiger sind indirekte Wirkungen, indem Tiere gestört, aufgescheucht und von ihrem Nist-, Nahrungs- oder Ruheplatz vertrieben werden. Neben Stress und erhöhtem Energieaufwand kann dies bei wiederholtem Auftreten die Tiere zum Verlassen ihres Lebensraumes zwingen. Solche Wirkungen werden von den Verursachern kaum wahrgenommen; sie sind aber durch wissenschaftliche Untersuchungen gut belegt (Ingold 2005). So reagieren beispielsweise Singvögel auf freilaufende Hunde über eine Distanz von 70 m und Steinböcke *(Capra ibex)* auf überfliegende Gleitschirme mit Flucht.

Von großem Einfluss auf die Biodiversität ist auch der Bau und Betrieb von tourismus- und freizeitorientierter Infrastruktur. In der Schweiz nehmen Bauten für Sport, Erholung und Tourismus beinahe 10 % der Siedlungsfläche ein. Ferienhäuser und touristische Transporteinrichtungen wie Bergbahnen werden häufig an Standorten mit hoher Biodiversität gebaut – im Alpenraum etwa auf Flächen am Dorfrand, wo zuvor extensiv betriebene Landwirtschaft das Vorkommen selten gewordener Arten ermöglichte. Wintersporteinrichtungen bringen zusätzliche Eingriffe wie großflächige Pistenplanierungen und die Herstellung von Kunstschnee mit sich, die zum Verlust der standortspezifischen Artenvielfalt führen.

Neobiota und invasive Arten

Bei der Eroberung und Besiedlung neuer Gebiete der Erde durch den Menschen wurden unabsichtlich oder absichtlich oft Pflanzen und Tiere mitgenommen, wodurch diese außerhalb ihres ursprünglichen Verbreitungsgebietes gelangten und zum Teil Fuß fassen konnten. Ohne die «Transporthilfe» durch den Menschen hätten diese Organismen nie in die für sie neuen biogeografischen Regionen gelangen können. Mit den aufkommenden Handelsbeziehungen wurden immer häufiger Pflanzen und Tiere aus Übersee und anderen entfernten Regionen nach Europa gebracht. Die seit der Entdeckung Amerikas (1492) – welche als Ausgangspunkt des weltweiten Personen- und Warenverkehrs betrachtet wird – durch menschliche Aktivitäten in neue Lebensräume gebrachten Arten werden als **nicht-einheimisch** oder **gebietsfremd** bezeichnet. Bei nicht-einheimischen Pflanzen spricht man von **Neophyten**, bei Tieren von **Neozoen** und bei Pilzen von **Neomyceten**. Der Oberbegriff für alle gebietsfremden Organismen lautet **Neobiota**.

Die in den letzten Jahrzehnten weltweit gestiegene Mobilität und der globalisierte Handel führen immer häufiger zu einem gezielten Einführen oder zufälligen Einschleppen nicht-einheimischer Arten. Ein Teil dieser Neobioten – die sogenannten **invasiven Arten** – kann sich an den neuen Standorten stark vermehren und ökonomische und ökologische Schäden verursachen (Nentwig 2010). Wirtschaftliche Schäden können im Bereich der Land- oder Forstwirtschaft auftreten (etwa als Unkräuter, durch Pflanzenschädlinge, Pilze oder Krankheitserreger, wie Feuerbrand an Ostbäumen), sie können die Tierhaltung betreffen (z.B. Parasiten, Krankheiten), sie können die Infrastruktur beeinträchtigen (etwa durch Zerstörung von wassertechnischen Anlagen, z.B. Verstopfen von Leitungen und Kühlrohren) oder die menschliche Gesundheit beeinträchtigen (durch Krankheitserreger, Parasiten, Pollen oder durch Verletzungen). Invasive Arten beeinflussen die lokale Biodiversität mit Verdrängung von einheimischen Arten durch Konkurrenz oder Prädation bzw. durch die Übertragung von Krankheiten oder Parasiten. Auch die Hybridisierung invasiver mit verwandten einheimischen Arten, die dadurch ihre arteigene Identität verlieren, reduziert die einheimische Artenvielfalt. Invasive Arten können auch direkt oder indirekt auf den Zustand und die Funktion von Ökosystemen einwirken. Kurzfristig mögen Neobioten zwar die lokale Biodiversität erhöhen, da einige von ihnen aber bald invasiv werden und einheimische Arten verdrängen, dürfte die Artenvielfalt in der Regel abnehmen.

Biologische Invasionen werden, nach der Veränderung und Zerstörung natürlicher Lebensräume durch den Menschen, als zweitwichtigster Grund für die weltweite Gefährdung der Artenvielfalt betrachtet (Nentwig 2007). Die Zahl der nicht-einheimischen Arten Europas wurde auf 11 000 geschätzt (Stand 2008; DAISIE 2009), hiervon sind etwa 10 % invasiv, d.h., für etwa 1100 Arten sind negative Auswirkungen bekannt.

Invasive Neophyten wie die Kanadische Goldrute *(Solidago canadensis)*, das Drüsige Springkraut *(Impatiens glandulifera)* und der Staudenknöterich *(Reynoutria japonica)* bilden häufig monokulturartige Bestände und verdrängen einheimische Pflanzen durch Konkurrenz um Raum, Nährstoffe und Licht (Kowarik 2003). Die aus Nordamerika eingeführte Robinie *(Robinia pseudoacacia)* reichert Stickstoff im Boden an, eutrophiert dadurch ihren Standort und verdrängt so einheimische stickstoffmeidende Pflanzen. Auf diese Weise kann sich die Pflanzengesellschaft eines Standortes nachhaltig verändern. Bei der invasiven Zebramuschel *(Dreissena polymorpha)* heften sich Individuen aneinander und überwachsen als kompakte Schicht die Flusssohle oder den Seeboden. Als Filtrierer konkurrrieren sie mit einheimischen Muscheln und anderen Wirbellosen um Nahrung.

In geschlossenen Systemen wie in Teichen und Fließgewässern wirken sich invasive Prädatoren generell viel stärker aus als in terrestrischen Lebensräumen. Der große Höckerflohkrebs *(Dikerogammarus villosus)* war ursprünglich auf den Bereich des Schwarzen Meeres begrenzt, gelangte dann aber über den 1992 eröffneten Rhein-Main-Donau-Kanal in das Rheinsystem, wo er inzwischen zahlreiche Fließgewässer und Seen in hoher Dichte besiedelt. *Dikerogammarus villosus* ist ein sehr effektiver Fressfeind einheimischer Flohkrebsarten (und möglicherweise von Eiern der Süßwasserschnecken), die unter diesem Prädationsdruck zuerst selten werden und dann lokal aussterben. Durch das aggressive Fressverhalten und seine polyphage Ernährung wirkt sich der große Höckerflohkrebs auf viele Arten negativ aus, sodass die Biodiversität überall abnimmt, wo er zahlreich wird.

Die amerikanische Schwarzkopf-Ruderente *(Oxyura jamaicensis)* wurde 1948 als Ziervogel in Europa eingeführt. 1953 entwichen die ersten Tiere aus Vogelparks in England. Im Jahr 2000 wurden bereits 5 000 Individuen in der Wildnis gezählt. Die Schwarzkopf-Ruderente konkurriert und hybridisiert mit der nah verwandten europäischen Weißkopf-Ruderente *(Oxyura leucocephala)*. Hybridisierung wird als größte Gefahr für das Weiterbestehen der in Spanien vorkommenden Restpopulationen dieser global gefährdeten Art betrachtet und es ist derzeit nicht absehbar, ob die Weißkopf-Ruderente in Europa überleben kann. Die Zahlen der Neobioten und invasiven Arten haben in den letzten Jahrzehnten stetig zugenommen. Es gibt keine Hinweise, dass dieser Trend sich in nächster Zeit ändern wird. Die Bedrohung der einheimischen Biodiversität durch invasive Arten wird also in Zukunft weiter zunehmen.

Klimaerwärmung

In erdgeschichtlichen Zeiträumen veränderten sich die klimatischen Bedingungen wiederholt, was zu Veränderungen in den Ausbreitungsarealen der Arten oder zum Aussterben führte. Dies ist ein natürlicher Prozess. Als Beispiel kann auf die postglaziale Wiederbesiedlung eisfreier Gebiete nach dem Rückzug der Gletscher hingewiesen werden. Die früheren Temperaturveränderungen fanden aber oft über Zeiträume von 1000 und mehr Jahren statt. Im Gegensatz dazu verläuft die derzeitige globale Klimaerwärmung viel schneller. Weltweit haben die menschlichen Treibhausgasemissionen im Zeitraum von 1970 bis 2004 um 70 % zugenommen, wobei sich die Zunahme in den letzten zehn Jahren beschleunigt hat (OcCC 2008). Es ist sehr wahrscheinlich, dass der Großteil der Erwärmung seit Mitte des 20. Jahrhunderts durch die Verbrennung fossiler Brennstoffe und den menschlich verursachten Treibhausgasanstieg bedingt ist. Die mittleren globalen Temperaturen liegen heute bereits um etwa 0,8 °C höher als dies bei einer unveränderten Zusammensetzung der Atmosphäre der Fall wäre. Die zukünftige Klimaentwicklung ist abhängig vom Ausmaß der weiteren Treibgasemissionen und damit von menschlichem Handeln und politischen Entscheidungen. Je nach Szenario muss bis Ende des 21. Jahrhunderts mit einer Zunahme zwischen 1,1 und 6,4 °C gerechnet werden (bezogen auf 1990). Diese Bandbreite lässt sich nur zum Teil auf Unsicherheiten in den Klimamodellen zurückführen. Viel wesentlicher ist der Einfluss der künftigen wirtschaftlichen und gesellschaftlichen Entwicklung. Unser Handeln bestimmt die Menge der Emissionen und somit maßgeblich die zu erwartenden Veränderungen im Klimasystem und die damit verbundenen Folgen auf die Biodiversität.

Wenn sich das Klima in den nächsten 100 Jahren um 3 °C erwärmt (Mittelwert der oben erwähnten Szenarien), werden sich die Vegetationszonen auf der Nordhalbkugel um rund 600 km von Süden nach Norden und um rund 600 m in die Höhe verschieben. Viele Arten werden die Wanderung nicht mitmachen können; sie sind einfach zu langsam. Die meisten Gehölze können sich mit einer Geschwindigkeit von etwa 100 km in 100 Jahren ausbreiten, viele alpine Pflanzen um 50 Höhenmeter in 100 Jahren (www.gloria.ac.at). Mit Daten aus detaillierten Monitoring-Programmen konnte bei verschiedenen Tiergruppen eine Verschiebung der nördlichen Ausbreitungsgrenze auf den Britischen Inseln nachgewiesen werden (Abb. 13). In den vergangenen 30 bis 40 Jahren dehnten sich die Areale vieler Arten 20 bis 80 km Richtung Norden aus (Hickling et al. 2006). Einzelne Arten reagieren aber sehr unterschiedlich auf die fortschreitende Klimaerwärmung.

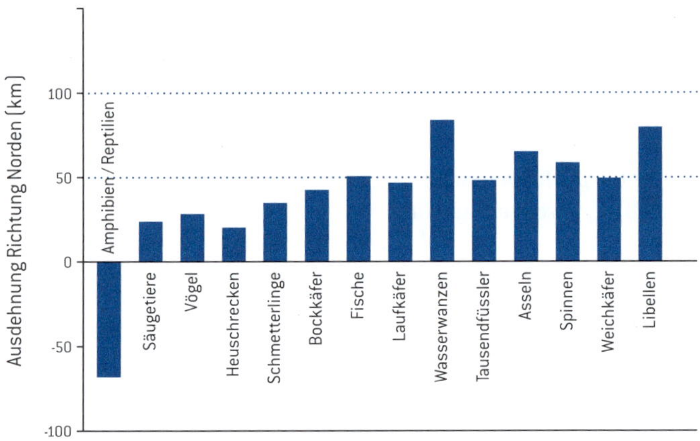

Abb. 13: Veränderung der nördlichen Ausbreitungsgrenze bei 14 Tiergruppen in Grossbritannien zwischen den Perioden 1960–1975 und 1985–2000. Aufgrund der fortschreitenden Klimaerwärmung verschoben sich die Ausbreitungsareale der meisten Arten 20 bis 80 km nordwärts, eine Ausnahme bildeten die Amphibien und Reptilien. Innerhalb Gruppen gibt es große zwischenartliche Unterschiede (nach Hickling et al. 2006).

Auf regionaler Ebene zeigt sich die Klimaerwärmung im Alpenraum besonders deutlich (OcCC 2008). Der Anstieg ist im Vergleich zum globalen Trend rund doppelt so stark, d.h. die mittleren Temperaturen sind seit 1970 um rund 1,5 °C angestiegen. Bis 2100 muss mit einer Zunahme der Sommertemperaturen von 3,5 bis 7 °C gerechnet werden. Ein Durchschnittssommer wird dann in etwa dem Hitzesommer 2003 entsprechen. Dazu wird es im Sommer deutlich trockener, im Winter hingegen feuchter werden. Die Niederschläge werden heftiger, Hochwasser und Murgänge häufiger. Diese rasch sich verändernden Klimabedingungen haben große Auswirkungen auf alpine Ökosysteme, auf die Verbreitung der Arten sowie auf die Wechselwirkungen zwischen Arten. Von den knapp 4500 Pflanzenarten in den Alpen sind etwa 350 endemisch für dieses Gebirge. Damit bilden die Alpen die floristisch reichhaltigste Region Mitteleuropas. Gemäß Modellberechnungen sind 45 % der Pflanzenarten in den Alpen bis 2100 vom Aussterben bedroht. Bereits auf dem Rückzug sind alle extremen Hochlagenarten, die sogenannten Nivalpflanzen, wie etwa der Gletscher-Hahnenfuss *(Ranunculus glacialis)* oder der Alpen-Mannsschild *(Androsace alpina)*. Deren Lebensraum wird sich bei weiterer Erwärmung durch nachrückende konkurrenzstärkere Arten weiter einengen. Beim Alpen-Mannsschild ist dies umso dramatischer, weil dieser nur in den Alpen vorkommt.

Die Klimaerwärmung beeinflusst auch die Wassertemperatur der Gewässer. Die im Wasser lebenden Pflanzen- und Tierarten sind an gewisse Temperaturbereiche angepasst. Eine Erwärmung der Gewässer verkleinert die potenziellen Lebensräume von Kaltwasserarten wie der Bachforelle *(Salmo trutta fario)* und der Äsche *(Thymallus thymallus)*. Erhöhte Wassertemperaturen bedeuten aber auch zusätzlichen Stress aufgrund eines Sauerstoffmangels. Je höher die Temperatur, desto geringer die Sauerstofflöslichkeit des Wassers. Dies führt bei Fischen und zahlreichen Wirbellosen zu einer stark verminderten Nahrungsaufnahme bei gleichzeitigem Anstieg des Metabolismus. Falls diese Bedingungen länger andauern, kann dies zum Tod der Organismen führen.

Große Probleme für einzelne Arten sind dann zu erwarten, wenn der kurzzeitig starke Bedarf nach einer bestimmten Ressource durch ein verändertes Temperaturregime von der Verfügbarkeit dieser Ressource entkoppelt wird. So findet der Austrieb der Blätter von Laubbäumen immer früher statt. Dadurch setzt auch die Entwicklung der Raupen, die für Kohlmeisen *(Parus major)*, Trauerschnäpper *(Ficedula hypoleuca)* und andere Vogelarten die wichtigste Futterquelle zur Aufzucht der Jungen sind, früher ein. Will der Trauerschnäpper seine Jungen in der Zeit des Maximums der verfügbaren Raupen aufziehen, muss er früher aus dem afrikanischen Winterquartier zurückkehren. Gelingt ihm das nicht, so sinkt sein Bruterfolg.

Modellrechnungen mit verschiedenen zukünftigen Temperatur- und Niederschlagsszenarien ergaben, dass in den nächsten Jahrzehnten zwischen 5 % und 30 % der bislang heimischen Arten aus Deutschland verschwinden könnten (Leuschner & Schipka 2004).

Die aktuelle, anthropogen verursachte Klimaveränderung und die Ausbreitung von nicht-einheimischen Arten sind zwei hochdynamisch ablaufende Prozesse, die verschiedene Ursachen haben. Dennoch sind ihre Auswirkungen nicht völlig unabhängig voneinander, denn es mehren sich Anzeichen, dass viele Aspekte der Klimaveränderung nicht-einheimische und invasive Arten fördern. Die erhöhten Durchschnittstemperaturen bedeuten, dass mediterrane Arten ihre Areale weiter nach Norden ausbreiten und in Mitteleuropa einwandern werden. Auch eingeführte, nicht-einheimische Arten aus wärmeren Regionen werden leichter in Europa Fuß fassen und sich ausbreiten können.

Verlust an genetischer Vielfalt

Bisher wurden verschiedene Faktoren mit negativen Auswirkungen auf die Vielfalt der Arten und Lebensräume vorgestellt. Aber auch die genetische Vielfalt zahlreicher Arten ist bedroht. Durch Lebensraumzerstörung und Fragmentierung werden große Populationen in kleine Restpopulationen aufgeteilt. In kleinen und isolierten Populationen ist die Wahrscheinlichkeit groß, dass Allele und damit genetische Vielfalt verloren geht (Kapitel 1). Bei verschiedenen Pflanzenarten (z.B. beim Deutschen Enzian, *Gentianella germanica*) wurde nachgewiesen, dass kleine und isolierte Populationen genetisch weniger vielfältig sind als große Populationen. Dadurch sind ihre Möglichkeiten, sich an verändernde Umweltbedingungen anpassen zu können, stark eingeschränkt.

Weltweit ist auch ein Rückgang der genetischen Vielfalt bei Kulturpflanzen und Nutztieren feststellbar: Es wird angenommen, dass jährlich bis zu 100 Nutztierrassen aussterben (www.fao.org). Die immer höheren Marktanforderungen und technischen Verbesserungen haben bewirkt, dass heute fast ausschliesslich einige wenige Hochleistungssorten und -rassen angebaut oder verwendet werden. So ist der Schweizer Bestand an Rindern zu fast 100 % aus drei verschiedenen Rassen aufgebaut. Die landwirtschaftliche Produktion sollte aber nicht auf eine schmale genetische Basis gestellt werden, weil niemand weiß, welche Bedingungen in den kommenden Jahrzehnten oder Jahrhunderten vorherrschen werden. Mit dem Verschwinden genetischer Ressourcen gehen Möglichkeiten verloren, die zukünftige landwirtschaftliche Produktion an veränderte Umweltbedingungen anpassen zu können. Deshalb gibt es seit mehreren Jahren in verschiedenen europäischen Staaten Bestrebungen, alte und (beinahe) vergessene Sorten von Nutzpflanzen und Tierrassen aufzustöbern und sie mit gezielten Zuchtprogrammen zu fördern (www.prospecierara.ch, www.arche-austria.at, www.g-e-h.de; Abbildung 6).

Rote Listen

Zur Charakterisierung des Gefährdungsgrades seltener und bedrohter Arten hat die Weltnaturschutzunion (*International Union for the Conservation of Nature*, IUCN) im Jahr 1963 ein Klassifizierungssystem eingeführt, die sogenannten Roten Listen (www.iucn.org). Dabei wird der Bedrohungsstand einzelner Arten nach spezifischen Kriterien ermittelt, die im Laufe der Jahre verbessert wurden und nun eine objektive Beurteilung zulassen. In den Roten Listen der gefährdeten Pflanzen- und Tierarten werden folgende Gefährdungskategorien unterschieden: ausgestorben *(extinct)*, in der Natur ausgestorben *(extinct in the wild)*, vom Aussterben bedroht *(critically endangered)*, stark gefährdet *(endangered)*, gefährdet *(vulnerable)*, Arten der «Vorwarnliste» *(near threatened)*, nicht gefährdet *(least concern)*, keine ausreichenden Daten vorliegend *(data deficient)* und nicht eingestuft *(not evaluated)*. In der Kategorie «*critically endangered*» beträgt die Wahrscheinlichkeit 50 % oder mehr, dass die Art innerhalb von 10 Jahren oder drei Generationen (jeweils der längere Wert) ausstirbt. Bei der Kategorie «*endangered*» beträgt die Aussterbewahrscheinlichkeit 20 % innerhalb von 20 Jahren oder fünf Generationen.

Die IUCN veröffentlicht jedes Jahr eine überarbeitete Liste der bedrohten Arten (www.iucnredlist.org). Obwohl sie nur einen Bruchteil aller Arten umfasst, erlaubt diese Liste dennoch eine Abschätzung des Bedrohungsgrades der Artenvielfalt. Weltweit sind zurzeit rund 40 % der beurteilten Arten in den Roten Listen der gefährdeten Pflanzen- und Tierarten aufgeführt. Veränderungen in den Roten Listen werden von den Medien aufgenommen und können Schutzmaßnahmen beeinflussen. Rote Listen werden auch für einzelne Staaten (z.B. Deutschland, Österreich, Schweiz) oder Bundesländer entwickelt und geben eine Übersicht über die jeweilige Bedrohung der untersuchten Arten. In den meisten Staaten sind Rote Listen zudem ein Instrument der Naturschutzgesetzgebung. Dies bedeutet, dass bei Eingriffen in die Natur (z.B. Bautätigkeiten) auf Rote-Liste-Arten Rücksicht genommen werden muss.

Erhöhte Aussterberate

Die in diesem Kapitel vorgestellten Faktoren tragen alle zur erhöhten Aussterberate bei, was wir als Artenschwund wahrnehmen. Wie hoch wäre aber die Aussterberate unter natürlichen Bedingungen, ohne den Einfluss des Menschen? Dies lässt sich anhand der Fossilserien abschätzen, welche die Entstehung und das Aussterben von Arten im Laufe der Zeit dokumentieren. Demzufolge existieren einzelne Arten ungefähr 1 bis 10 Millionen Jahre, bevor sie aussterben oder neue Spezies aus ihnen hervorgehen (Raup 1978). Unter der Annahme, dass es gegenwärtig 10 Millionen Arten gibt, müssten pro Jahr eine bis zehn Arten infolge natürlicher Ursachen aussterben. Dieser Schätzwert ist aus Studien über weit verbreitete Meerestiere abgeleitet und liegt möglicherweise niedriger als die natürlichen Aussterberaten für Arten mit kleinem Verbreitungsgebiet, die empfindlicher gegen Veränderungen ihres Lebensraumes reagieren. Die derzeit beobachtete Aussterberate bei Vögeln und Säugern liegt bei 1 % pro 100 Jahre, also um den Faktor 100 bis 1000 größer, als auf der Basis der oben aufgeführten Zahlen vorausgesagt würde. Diese starke Erhöhung der Aussterberate ist das Ergebnis menschlicher Aktivitäten.

Weiterführende Literatur

Ewald K.C. & Klaus G. (2009) Die ausgewechselte Landschaft. Haupt Verlag, Bern.

Ingold P. (2005) Freizeitaktivitäten im Lebensraum der Alpentiere. Haupt Verlag, Bern.

Nentwig W. (2010) Invasive Arten. UTB Profile, Haupt Verlag, Bern.

9

Biodiversität erhalten und nachhaltig nutzen

Zusammenfassung

Verschiedene internationale Abkommen verpflichten die unterzeichnenden Staaten, Bereiche der biologischen Vielfalt wie migrierende Tiere oder Winterrastplätze zu schützen. Von größter Bedeutung ist das Übereinkommen über die biologische Vielfalt (Biodiversitäts-Konvention), die alle Elemente der belebten Umwelt einbezieht und drei untrennbare Ziele verfolgt: Den Schutz der Biodiversität, deren nachhaltige Nutzung und eine gerechte Verteilung der aus der Nutzung erwirtschafteten Gewinne. Obwohl inzwischen 191 Staaten die Biodiversitäts-Konvention ratifiziert haben, hält sich das Engagement von Politik und Wirtschaft für die Erhaltung der biologischen Vielfalt in Grenzen. Dieses Kapitel zeigt die Gründe für die mangelhafte Förderung der Biodiversität auf und stellt verschiedene Strategien zu deren Erhaltung vor. Eine wichtige Schlussfolgerung ist, dass bisher Politik, Verwaltung, Wirtschaft und Bevölkerung zu wenig über die Bedeutung der Biodiversität für das Wohlergehen der Menschen informiert wurden.

Politische Aufgabe

Mittlerweile verbraucht die Menschheit mehr biologische Ressourcen als die Erde regenerieren kann. Der **ökologische Fußabdruck** *(Ecological Footprint)* ist eine international verbreitete Methode, die eindrücklich darstellt, wo und wie stark der Mensch die Umwelt belastet (Exkurs Ökologischer Fußabdruck). Das Konzept stellt den Ressourcenverbrauch eines Individuums, eines Unternehmens, einer Stadt oder eines Landes in Beziehung zur ökologischen Tragfähigkeit. Zurzeit nutzt die Menschheit Ressourcen von 1,4 Planeten. Das bedeutet, dass die Erde mehr als ein Jahr braucht, um den Ressourcenverbrauch der Menschheit eines Jahres zu decken. Dabei ist die Ressourcennutzung der Industrieländer deutlich höher als die der Entwicklungsländer.

Ökologischer Fußabdruck

Das *Global Footprint Network* widmet sich dem Messen des menschlichen Einflusses auf die erneuerbaren Ressourcen unseres Planeten, um bessere Entscheidungsgrundlagen zur Verfügung zu stellen. Ziel ist es, dem Naturreichtum ebenso viel Beachtung zu schenken wie dem Aktienmarkt oder dem Bruttonationalprodukt.

Der ökologische Fußabdruck *(Ecological Footprint)* ist eine Messmethode, welche für eine Person, eine Familie, ein Unternehmen, eine Stadt oder eine Nation berechnet, wie viele biologische Ressourcen zur Verfügung stehen und wie viele verbraucht werden (www.footprintnetwork.org/de/). Er dokumentiert auch, welche Bevölkerungsgruppen und welche Aktivitäten wie viele Ressourcen benutzen. So verbraucht beispielsweise die Ölheizung eines Einfamilienhauses zur Deckung des Wärmebedarfs so viel Ressourcen wie eine biologisch produktive Landfläche von der Größe von drei Fußballfeldern herstellen kann. Die Fläche könnte um den Faktor 30 verringert werden, würde stattdessen eine Wärmepumpe verwendet. Einzelne Unternehmen beginnen das Konzept des ökologischen Fußabdrucks als Führungsinstrument zu benutzen.

Die Syntheseberichte des «*Millennium Ecosystem Assessment*» zeigen die Auswirkungen der Biodiversitätsverluste auf und schlagen sinnvolle Strategien für die Erhaltung der biologischen Vielfalt vor (www.millenniumassessment.org). Da die Gründe für die Abnahme auf globaler, regionaler und lokaler Ebene zu suchen sind, gilt es auch, adäquate Strategien auf die entsprechenden Ebenen auszurichten.

Mit dem Übereinkommen über die biologische Vielfalt (*Convention on Biological Diversity*; CBD) wurde 1992 das erste internationale Regelwerk entwickelt, welches den Schutz aller Elemente der belebten Umwelt umfasst und diesen mit der nachhaltigen Nutzung biologischer Ressourcen durch den Menschen verbindet. Die CBD hat mittlerweile 191 Vertragspartner (Ausnahmen: USA, Somalia) und ist für Deutschland seit 1993 (und für Österreich und die Schweiz seit 1994) völkerrechtlich bindend. Das Übereinkommen fordert nicht nur den Erhalt der Artenvielfalt, sondern es will auch die genetische Diversität, die Vielfalt und Funktionsfähigkeit der Ökosysteme und damit auch die Lebensgrundlage der Menschen schützen. Das Übereinkommen anerkennt auch, dass die Herkunftsländer (oft Entwicklungsländer) einen gerechten Ausgleich für die Nutzung ihrer biologischen Ressourcen durch Dritte erhalten sollen.

Mit der Unterzeichnung der CBD verpflichten sich die Staaten unter anderem, dass

- in ihrem Hoheitsgebiet Schutz- und Förderflächen für die Biodiversität ausgewiesen und verbindlich gesichert werden;
- die Ressourcennutzung nachhaltig und im Einklang mit den Biodiversitätszielen erfolgt;
- die Ökosystemleistungen volkswirtschaftlich gefördert und in Zukunft stärker berücksichtigt werden;
- sie eine nationale Biodiversitätsstrategie entwickeln und umsetzen;
- ihre Regierungen marktwirtschaftliche Lenkungs- oder Finanzierungsinstrumente für Maßnahmen zugunsten der Biodiversität entwickeln;
- sie die Verantwortung für die globale Biodiversität stärker wahrnehmen.

Fachleute und ein beträchtlicher Teil der Bevölkerung sind sich einig, dass der Biodiversität eine existenzielle Bedeutung zukommt. Dennoch hält sich das Engagement von Politik und Wirtschaft für die Erhaltung der biologischen Vielfalt in Grenzen. Das Problem der CBD besteht darin, dass sie nur wenige zwingende Vorgaben enthält und den Vertragsparteien bei der Ausübung ihrer Rechte und der Wahrnehmung ihrer Pflichten einen großen Spielraum lässt. Die Schwierigkeiten bei der Umsetzung der CBD sind teilweise auch darauf zurückzuführen, dass eine Vielzahl von wirtschaftlichen Tätigkeiten betroffen sind – angefangen bei der Land- und Forstwirtschaft über die Raumplanung, die Wasserwirtschaft und die biologische Sicherheit bis hin zum Handel mit genetischen Ressourcen. Sichtbare Fortschritte im Schutz und in der nachhaltigen Nutzung der Biodiversität sind nur möglich, wenn es gelingt, sämtliche Akteure davon zu überzeugen, ihre Anstrengungen zu verstärken. Die Anliegen der Biodiversität müssen deshalb in die verschiedensten Politbereiche einfließen: Rohstoffe, Verkehr, Tourismus, Bauwesen, Raumplanung, Land-, Wald- und Wasserwirtschaft.

Traditionelles Wissen kann wesentlich zum Schutz und zur nachhaltigen Nutzung biologischer Vielfalt beitragen. Im Artikel 8j anerkennt die CBD die enge und auf Tradition beruhende Abhängigkeit vieler indigener Gemeinschaften von biologischen Ressourcen. Pharmaunternehmen aus Industriestaaten sollen nicht einfach Pflanzen aus Entwicklungsländern verwenden, um neue Wirkstoffe für Medikamente zu finden, mit denen sie später hohe Gewinne erzielen können. Die lokale Bevölkerung, die während Jahrhunderten die Pflanzen genutzt und gefördert hat, soll an diesem Gewinn beteiligt sein. Um Fälle von Biopiraterie zu verhindern, soll der Zugang zu genetischen Ressourcen und traditionellem Wissen geregelt und ein gerechter Vorteilsausgleich (das sogenannte *benefit sharing*) festgelegt werden. Bisher ist aber noch kein gültiges Regelwerk in Kraft, welches diese Punkte genau festlegt.

Die Erhaltung der Biodiversität ist in vielen Staaten ein Grundauftrag der Verfassung. Neben der CBD regeln weitere internationale Abkommen verschiedene Aspekte der Biodiversität. Einige wichtige Abkommen und Programme seien hier erwähnt:

- Das Washingtoner Artenschutzabkommen (CITES) regelt den Handel mit gefährdeten Pflanzen und Tieren. In den Anhängen des Abkommens werden unmittelbar bedrohte Arten aufgeführt, deren Handel untersagt ist, und schutzbedürftige Arten, deren Handel über Aus- und Einfuhrgenehmigungen geregelt wird.
- Das Ramsar-Abkommen ist ein internationaler Vertrag über die Erhaltung der Feuchtgebiete als Lebensraum für überwinternde Wasser- und Watvögel.
- Die Bonner Konvention (*Convention on Migratory Species*, CMS) ist ein Übereinkommen zur Erhaltung der wandernden wild lebenden Tierarten.
- Natura 2000 ist das Schutzgebietsnetzwerk der EU zur Umsetzung der Schutzbestimmungen für Lebensräume und Arten der Fauna-Flora-Habitate-Richtlinie (FFH).
- Das Programm CountDown 2010, hervorgegangen aus den Aktivitäten der CBD und der Weltnaturschutzunion IUCN *(International Union for Conservation of Nature and Natural Resources)*, legte anlässlich der Weltkonferenz für nachhaltige Entwicklung in Johannesburg im Jahre 2002 das Ziel fest, den Verlust an biologischer Vielfalt auf nationaler, regionaler und globaler Ebene bis zum Jahr 2010 deutlich zu reduzieren. Die europäischen Staaten hatten sich sogar vorgenommen, bis 2010 den Verlust an Biodiversität gänzlich zu stoppen. Die Ziele wurden aber bei Weitem nicht erreicht: Der allgemeine Biodiversitätsverlust konnte noch nicht gestoppt werden (EEA 2009, Lachat et al. 2010). Trotzdem wäre es falsch, dieses Programm als einen Misserfolg zu bewerten. In verschiedenen Bereichen weisen die unternommenen Anstrengungen erste Erfolge auf.

Nicht-staatliche Schutzorganisationen

Zur Erhaltung und Förderung der Biodiversität leisten nicht-staatliche Organisationen (*non-governmental organizations*, NGOs) einen wesentlichen Beitrag. Beim Management von Schutzgebieten sind vor allem die ehrenamtlichen Einsätze der zahlreichen Mitglieder von unermesslichem Wert. Ausgewählte Beispiele von NGOs sind:

- Der internationale WWF *(World Wide Fund for Nature)* verfolgt die Ziele, die Biodiversität der Erde zu bewahren, erneuerbare Ressourcen naturverträglich zu nutzen und die Umweltbelastungen zu verringern. Der WWF hat ein weltweites Netzwerk mit nationalen Sektionen in mehr als 100 Ländern.
- Eine große Bedeutung für aktive Schutzmassnahmen haben die nationalen und regionalen Sektionen von *BirdLife International*, Naturschutzbund Deutschland (NABU), des Österreichischen Naturschutzbund und Pro Natura (ehemals Schweizerischer Bund für Naturschutz).

Einrichtung von Schutzgebieten

Mit Blick auf den immer stärkeren Druck des Menschen auf die natürlichen und halbnatürlichen Lebensräume hängt die Erhaltung der biologischen Vielfalt zunehmend von der Ausweisung von Schutzgebieten ab. Diese können durch staatliche Maßnahmen, durch den Ankauf wertvoller Lebensräume auf nationaler, regionaler oder lokaler Ebene sowie durch Initiativen von Umweltschutzorganisationen oder Privatpersonen entstehen.

Die Weltnaturschutzunion IUCN teilt Schutzgebiete entsprechend dem Ausmaß der menschlichen Nutzung in Kategorien ein (www.unep.org). Katergorie Ia (strenges Naturreservat) steht für Gebiete mit herausragender biologisch-ökologischer und geologischer Bedeutung zum Zweck der Forschung und Umweltüberwachung (Monitoring). Biotop- und Ökosystemschutz haben unter der Bewahrung der natürlichen dynamischen Prozesse in einem ungestörten Zustand höchste Priorität. In der Kategorie Ib (Wildnisgebiete) sind große, unbeeinflusste Wildnisgebiete zu finden, die unbesiedelt sind oder vom Menschen nur geringfügig genutzt werden. Die Kategorie II (Nationalpark) steht für den Schutz herausragender Natur- und Landschaftsgebiete von internationaler oder nationaler Bedeutung für Forschung, Bildung und Erholung. Die weiteren IUCN-Schutzkategorien umfassen Naturdenkmäler (Kategorie III), Arten- und Biotopschutzgebiete (IV), geschützte Landschaften und marine Gebiete (V) und Ressourcenschutzgebiete (VI).

Zahlreiche Staaten weisen eigene, teilweise von den IUCN-Vorgaben abweichende Kategorien von Schutzgebieten auf. Großraum-Schutzgebiete wie Nationalparks sind von besonderer Bedeutung für die Erhaltung der Biodiversität (siehe Exkurs Großraum-Schutzgebiete). In Mitteleuropa gehören die meisten Nationalparks der IUCN-Kategorie II an (z.B. der Nationalpark Hohe Tauern in Österreich oder der Nationalpark Berchtesgaden in Deutschland). Als Ausnahme weist der Schweizer Nationalpark im Engadin eine höhere Schutzkategorie auf (Ia).

In Naturparks sollen der Schutz der biologischen Vielfalt und die Nutzen von Natur und Landschaft im Sinn einer nachhaltigen Entwicklung der Region optimal verbunden werden. Deutschland weist ein besonders dichtes Netz von 101 ausgewiesenen Naturparks auf, die insgesamt einen Viertel der Staatsfläche einnehmen und ein breites Spektrum der Vielfalt an Landschaften abbilden (Stand 2009; www.naturparke.de).

In den vergangenen 40 Jahren nahmen sowohl die Anzahl wie auch die gesamte Fläche aller Schutzgebiete zu (Abb. 14, S. 106). Im Jahre 2003 waren weltweit etwas über 100 000 Schutzgebiete mit insgesamt knapp 19 Millionen km^2 Fläche ausgewiesen. Viele dieser Schutzgebiete weisen aber eine relativ kleine Fläche auf. Weltweit sind 12,2 % der gesamten Landfläche geschützt, aber nur 5,9 % der küstennahen marinen Lebensräume und weniger als 1 % der küstenentfernten Lebensräume (UNEP-WCMC 2008). Zudem gibt es ausgeprägte regionale Unterschiede im Anteil der Schutzflächen. So sind in Zentral- und Südamerika 23,5 % und 21,1 % der Landflächen in irgendeiner Form geschützt, 13,8 % in Europa, aber nur 9,9 % in Australien und Neuseeland und 7,1 % im südlichen Asien.

Biosphärenreservat

Im UNESCO-Programm *Man and the Biosphere* (MaB) werden Reservate ausgeschieden, deren Ziel die Entwicklung von Strategien zur nachhaltigen Nutzung der Lebensräume und die Erhaltung der natürlichen Vielfalt ist. Biosphärenreservate sind weiträumige Kulturlandschaften von nationaler Bedeutung, in die besonders wertvolle Naturlandschaften eingebettet sind. Im Gegensatz zu einem Nationalpark soll sich die Bevölkerung nicht zurückziehen, sondern durch gemeinsame und ge-

Förderung von Großraum-Schutzgebieten

Zu den Aufgaben des zeitgemäßen Naturschutzes gehören neben dem Schutz von Arten, Lebensgemeinschaften und Landschaften auch die Erhaltung der Naturgüter Wasser, Boden und Luft sowie der Prozessschutz. Ein Teil dieser Aufgaben lässt sich nur auf großen, zusammenhängenden Flächen verwirklichen. Zahlreiche Studien zeigen, dass Einflüsse aus der Umgebung häufig über eine Distanz von mehr als 100 m ins eigentliche Schutzgebiet eindringen. Zu diesen sogenannten Randeffekten gehören veränderte Wind- und Lichtverhältnisse, Entzug von Bodenfeuchtigkeit, Eintrag von Dünger, Anflug von standortfremden Samen, und Eindringen von Lärm. Dies bedeutet, dass kleine Schutzgebiete keine ungestörte Kernzonen aufweisen. Neben diesen Randeffekten gibt es eine Reihe von weiteren wichtigen Gründen, die für großflächige Schutzgebiete sprechen:

- Tierarten mit hohen Raumansprüchen (z.B. Birk- und Auerhuhn) können in kleinen Schutzgebieten kaum überleben.
- Der Ablauf natürlicher dynamischer Prozesse ist oft nur noch in großen Schutzgebieten möglich (z.B. Dynamik eines ungestörten Flusslaufes).
- Pflanzen- und Tierpopulationen unterliegen zeitlichen und räumlichen Schwankungen in ihren Bestandesgrößen. Um eine bestimmte Art in einem Gebiet langfristig erhalten zu können, sollten deshalb mehrere Populationen vorhanden sein. Diese erlauben einen Austausch von Individuen und ermöglichen die Wiederbesiedlung von freigewordenen Lebensräumen.
- Die fortschreitende Klimaerwärmung führt zu wesentlichen Arealverschiebungen bei vielen Pflanzen- und Tierarten. Großraum-Schutzgebiete wie Nationalparks bieten eher «Ausweichräume» an, können auch Berge enthalten (Ausweichen in die Höhe) und dienen als Wanderachsen.

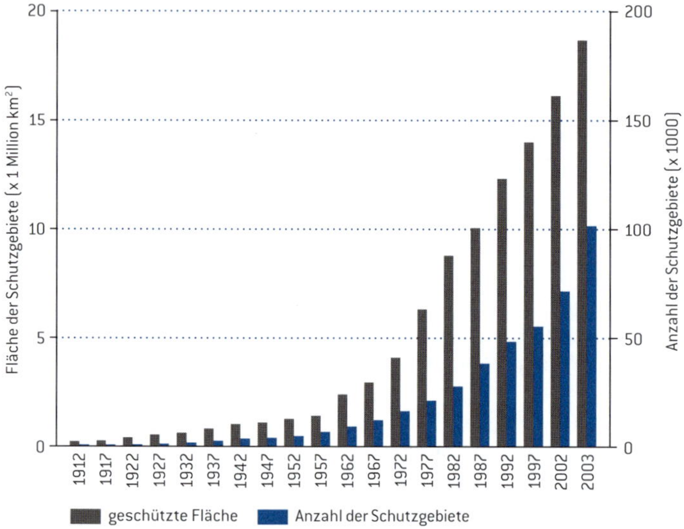

Abb. 14: Zunahme in der Anzahl und Fläche der weltweiten Schutzgebiete zwischen 1912 und 2003 (verändert nach Mulongoy & Chape 2004).

zielte Anstrengungen Wege suchen, wie sie in Wohlstand leben und wirtschaften kann, ohne ihre vielfältige Landschaft und Lebensgrundlage zu übernutzen. Biosphärenreservate bestehen aus drei Zonen: Der Kernzone als ausgewiesenes Naturschutzgebiet oder Nationalpark (mindestens 3 % der Gesamtfläche), der Pufferzone (mindestens 10 % der Gesamtfläche), in welcher eine extensive Bewirtschaftung möglich ist, sowie der Entwicklungszone, die eine nachhaltige Nutzung der Landschaft zulässt.

Segregation oder Integration?

In dicht besiedelten Gebieten und intensiv genutzten Kulturlandschaften stellt sich die Frage, wie sich wenigstens Teile der ursprünglichen Artenvielfalt erhalten lassen. Noch artenreiche Flächen können – falls möglich – als Schutzgebiete ausgewiesen werden. Auf den angrenzenden Flächen findet aber eine intensive Nutzung statt. In diesem sogenannten

Segregationskonzept sind Flächen mit intensiver menschlicher Nutzung (Landwirtschafts-, Industrie- und Siedlungsgebiete) von Flächen für die Förderung und Erhaltung der Biodiversität getrennt. Die Schutzgebiete sind aber oft von geringer Größe, stark isoliert und meistens von den umgebenden Flächen mit naturfremden Nutzungen beeinflusst. Arten mit komplexen Umweltansprüchen und großem Raumbedarf können so kaum überleben. Der ökonomische Druck und der Flächenbedarf der Bevölkerung lassen in diesen Landschaften kaum genügend Gesamtfläche für den Naturschutz übrig. Der zunehmende Bedrohungsgrad vieler Arten weist aber darauf hin, dass das Konzept der Trennung (Segregation) einen ungenügenden Erfolg aufweist. Deshalb wurde in den letzten Jahren von Fachleuten vermehrt ein **Integrationskonzept** gefordert: Nicht zurückgezogen in die (kleinen) Naturschutzgebiete, sondern auf (idealerweise) 100 % der Landfläche sollen die Arten überleben können, indem die Landschaft wieder naturverträglicher genutzt wird und naturnahe Flächen und Strukturen in Siedlungs- und Industriegebieten gefördert werden. Mit ökologischen Ausgleichszahlungen von der EU oder von den einzelnen Staaten kann die extensive Nutzung von Flächen abgegolten werden.

Nur die gleichzeitige Anwendung beider Konzepte wird den Artenverlust bremsen können. Es gilt, die Anzahl und Größe der Schutzgebiete zu erhöhen, ihre Vernetzung zu fördern und den Artenreichtum außerhalb der Schutzgebiete durch Extensivierung der Nutzung zu steigern.

In situ- und *ex situ*-Erhaltungsstrategien

Wenn immer möglich, sollten die Schutzbestrebungen auf die Lebensräume der gefährdeten Pflanzen- und Tierarten vor Ort *(in situ)* gerichtet werden. Eine beträchtliche Vielfalt an Arten ist aber außerhalb von Schutzgebieten zu finden, beispielsweise in extensiv genutzten Lebensräumen oder in Siedlungsgebieten. Ungeschützte Biotope sind für die Biodiversität von großer Bedeutung und deren Erhalt kann nur erreicht werden, wenn die Landnutzer, die lokale Bevölkerung und die Behörden über den Wert und die Außergewöhnlichkeit dieser Vielfalt informiert ist.

Für zahlreiche Arten ist die Erhaltung *in situ* jedoch angesichts des Lebensraumverlustes und zunehmender Störungen durch den Menschen nicht mehr möglich. Wird eine Restpopulation zu klein, um längerfristig im ursprünglichen Lebensraum zu überleben, und lassen sich die Bedrohungsfaktoren nicht abwenden, dann kann eine *ex situ*-

Strategie zur Erhaltung der Art beitragen. Dabei werden Individuen der Art unter menschlicher Aufsicht an einem anderen Ort gefördert. So ist eine Anzahl von Arten in der Wildnis bereits ausgestorben, überlebt aber in Kolonien in der Obhut des Menschens, wie der chinesische Davidshirsch *(Elaphurus davidianus)*, das Przewalski-Pferd *(Equus przewalskii)*, *Franklinia alatamaha*, ein Baum aus der Familie der Teegewächse oder verschiedene Baumschneckenarten.

Einrichtungen zur *ex situ*-Erhaltung von Tieren sind Zoos, Aquarien und Zuchtprogramme in menschlicher Aufsicht, bei Pflanzen botanische Gärten, Arboreten und Samenbanken. Ziel jedes *ex situ*-Erhaltungsprogrammes ist die Wiedereinbürgerung der Art an ihrem ursprünglichen Ort, falls die Gefährdungsursachen beseitigt werden können. Als Alternative können Individuen in einem möglichst ähnlichen Lebensraum wieder ausgesetzt werden.

Renaturierungsmaßnahmen

In den letzten Jahren wurden in zunehmendem Maß Anstrengungen unternommen, um beeinträchtigte und geschädigte Ökosysteme wiederherzustellen. Ziel dabei ist, ein Ökosystem mithilfe von umwelttechnischen Methoden wieder in einen ähnlichen Zustand zu versetzen, wie er vor der Störung durch den Menschen existierte. Eingedohlte Bäche erhalten wieder ihren freien Lauf oder durch jahrzehntelangen Bergbau geschädigte Landschaften werden in naturnahe Biotope überführt. Das Methodenspektrum reicht von der Wiederansiedlung von Arten, der Entfernung von invasiven Arten, der Abschürfung von nährstoffreichem Humus bis hin zu Versuchen, ganze Lebensgemeinschaften wieder im Rahmen eines funktionierenden Ökosystems entstehen zu lassen. Dabei geht man davon aus, dass sich die Schädigung zumindest teilweise wieder rückgängig machen lässt. Es gilt jedoch zu bedenken, dass sich Ökosysteme nur unter bestimmten Bedingungen wiederherstellen lassen und dass viele Ökosysteme in kurzen Zeiträumen nicht renaturierbar sind (z.B. Hochmoore). Wichtig für den Erfolg ist auch, dass die lokal ausgestorbenen Arten in der näheren Umgebung noch vorhanden sind.

Umgang mit invasiven Arten

Im Übereinkommen über die biologische Vielfalt hält Artikel 8h fest: *«Jede Vertragspartei wird, soweit möglich und sofern angebracht, die Einbringung nicht-einheimischer Arten, welche Ökosysteme, Lebensräume oder Arten gefährden, verhindern, diese Arten kontrollieren oder beseitigen.»* Staaten, welche die CBD unterzeichnet haben, sind demnach die Verpflichtung eingegangen, gegen nicht-einheimische Arten vorzugehen. Artikel 8h gilt daher als zentrale Norm für den Umgang mit invasiven Arten. Zusätzlich zur CBD gibt es eine Reihe von internationalen Spezialabkommen, die den Umgang mit nicht-einheimischen Arten regeln (Welthandelsabkommen WTO, Berner Konvention).

Die Anzahl nicht-einheimischer und invasiver Arten (Neobioten) hat in den letzten Jahrzehnten in Mitteleuropa stetig zugenommen (Kapitel 8), und es gibt keine Hinweise darauf, dass sich dieser Trend in absehbarer Zeit ändern wird. Die Bedrohung der einheimischen Biodiversität durch invasive Arten wird deshalb weiter zunehmen. Neobioten können zwar die Zahl der in einem Land erfassten Arten erhöhen; in den betroffenen Lebensräumen bewirken sie jedoch in den meisten Fällen eine Abnahme der einheimischen Biodiversität. In dieser Situation ist es äußerst wichtig, invasive Arten vermehrt wissenschaftlich zu untersuchen, ein gezieltes Management dieser Arten und Lösungen zu ihrer Eindämmung zu forcieren, Gesetzgebung und Administration den Anforderungen anzupassen und vermehrt Aufklärungsarbeit gegenüber der Öffentlichkeit zu leisten.

Das Vermeiden der Einschleppung und Verbreitung nicht-einheimischer Arten sollte höchste Priorität haben. Die durch invasive Arten entstehenden Kosten sollen den Verursachern angelastet werden. Erst wenn beispielsweise Importeuren die Kosten der Einfuhr einer gebietsfremden (und später invasiven) Art angelastet werden kann, entsteht ein betriebswirtschaftlicher Druck, dies zu vermeiden.

Ein Grund für die Vernachlässigung der Problematik um invasive Arten in der Öffentlichkeit liegt in einem allgemeinen Wissensdefizit. Die Bedeutung einer adäquaten Aufklärung von der Schule bis zur breiten Öffentlichkeit kann nicht hoch genug eingeschätzt werden. Wichtig bei der Kommunikation des Themas Neobioten ist eine klare Trennung zwischen den vom Menschen eingeführten Arten, um die es hier ausschließlich geht, und Arten, die von sich aus einwandern.

Wissen zur Verfügung stellen und Forschung vorantreiben

Wissenschaftler stellen immer wieder fest, dass in Politik, Verwaltung und Wirtschaft zu wenig Wissen über die Bedeutung und Bedrohung der Biodiversität vorhanden ist. Viele biodiversitätsrelevanten Entscheidungen werden ohne ausreichende Kenntnisse über die Auswirkungen auf die Pflanzen und Tiere getroffen. Der Wissenstransfer muss deshalb verbessert werden: Wissen muss gesammelt, zusammengefasst, verständlich und nutzergerecht aufbereitet und den entsprechenden Zielgruppen (Politik, Behörden, Wirtschaft, Schulen) zur Verfügung gestellt werden. In diesem Prozess kann auf die bereits bestehenden wissenschaftlichen Netzwerke (z.B. Diversitas, Forum Biodiversität Schweiz, Netzwerk-Forum zur Biodiversitätsforschung Deutschland) zurückgegriffen werden, die das Wissen von Fachleuten mit Kompetenzen in den verschiedensten Themenbereichen der Biodiversität bündeln und weitergeben.

Die Bedeutung der Biodiversität für das Wohlergehen der Menschen sollte auch in der Forschungspolitik und bei Forschungsförderungsinstitutionen wahrgenommen und entsprechend gewichtet werden. Vordringliche Forschungsfragen und -anliegen sind unter anderem:

- Der Kenntnisstand über die Vielfalt und Verbreitung der Arten ist in verschiedenen taxonomischen Gruppen (Pilze, wirbellose Tiere) noch sehr gering. Dies ist unter anderem auf einen Mangel an Fachleuten für diese Gruppen zurückzuführen. An den Universitäten sollten wieder vermehrt Studierende in Systematik und Taxonomie ausgebildet werden, um diese Wissenslücken füllen zu können.
- Der größte Teil unseres Wissens über Ökosystemprozesse basiert auf lokalen Studien. Diese Ergebnisse lassen sich nicht ohne Weiteres auf die globale Ebene übertragen. Bisher ist noch wenig über die Beziehung zwischen lokalen, regionalen und globalen Ökosystemprozessen bekannt.
- Wenige Studien befassten sich bisher mit der Bedeutung der genetischen Vielfalt im Zusammenhang mit der Anpassungsfähigkeit verschiedener Arten an sich verändernde Umweltbedingungen.
- Von den meisten invasiven Arten sind die verschiedenen Auswirkungen auf einzelne einheimische Arten, Lebensgemeinschaften und Ökosysteme kaum bekannt. Auch sollten die Kenntnisse über Invasionswege, die Ausbreitungsfähigkeit von Arten und die Empfindlichkeit von Ökosystemen verbessert werden.
- Der Mangel an Langzeitstudien über Veränderungen der Biodiversität ist offensichtlich. Zudem gibt es mehr Studien über Biodiversität

und Ökosystemprozesse in terrestrischen Lebensräumen als in Süßwasser- und marinen Lebensräumen.

- Einflüsse von Veränderungen in der Artenvielfalt und -zusammensetzung auf Ökosystemleistungen wurden bisher fast ausschließlich in Grasländern untersucht.

Biodiversität erfolgreich erhalten und fördern

Biodiversitätsschutz ist machbar. Zahlreiche Beispiele belegen, wie biologische Vielfalt durch nachhaltige Nutzung langfristig erhalten werden kann (Primack 1995, Baur et al. 2004, Groom et al. 2006). Auch viele Arten- und Biotopschutzprogramme sind erfolgreich. So kann der Erfolg verschiedener Artenschutzprogramme wissenschaftlich mit den sogenannten **Blauen Listen** dokumentiert werden (www.bluelists.ethz.ch). Blaue Listen sind ein Instrument, welches jene Rote-Liste-Arten aufführen, deren Bestände längerfristig gefördert oder mindestens stabilisiert werden konnten. Eine Studie in der nördlichen Schweiz ergab, dass 33 % der in einer Gefährdungskategorie aufgeführten Pflanzenarten durch verschiedene Natur- und Umweltschutzmassnahmen zwischen 1966 und 1998 gefördert oder stabilisiert werden konnten (Gigon et al. 2000). Beispiele solcher Maßnahmen sind die Entbuschung von Trockenwiesen und fachgerechte Ansaaten und Anpflanzungen.

Bemerkenswert ist, dass für etwa 90 % der gefährdeten Arten das wissenschaftliche *Know-how* für eine erfolgreiche Förderung vorhanden ist. Von diesem Wissen wird aber nur ein Bruchteil angewendet. Es fehlt der politische Wille, die bestehenden gesetzlichen Grundlagen umzusetzen, die eingegangenen Verpflichtungen einzuhalten und die dafür benötigten Mittel und Fachleute einzusetzen.

Die zurzeit vorhandene Biodiversität ist das Ergebnis der Evolution über einen Zeitraum von mehr als 3 Milliarden Jahren. Es gibt eine Reihe von Gründen, sich für die Erhaltung dieser Vielfalt einzusetzen.

Weiterführende Literatur

Primack R.B. (2006) Essentials of conservation biology. Sinauer, Sunderland.

Anhang

Glossar

Abundanz – Zahl der Individuen einer Art, die in der Regel auf eine Flächen- oder Raumeinheit bezogen wird.

Allel – Eine von mehreren Variationen (Ausprägungen) eines Gens. So gibt es beispielsweise für das Gen der Blutgruppen des Menschen drei verschiedene Ausprägungen, die Allele Null, A und B.

Aminosäure – Baustein der Proteine. Es gibt 20 verschiedene in Organismen häufig verwendete Aminosäuren.

Areal – Verbreitungsgebiet einer Art, begrenzt durch die äußersten Nachweise bzw. Fundorte von Individuen.

Artenschutz – Im Artenschutz steht die Erhaltung und Förderung von meist seltenen oder bedrohten Arten im Vordergrund. Pflanzen- und Tierarten sollen in ihrer genetischen Vielfalt, in ihrer räumlichen Verbreitung und ihrer Populationsdichte erhalten und wo nötig gefördert werden.

Arthropoden – Gliederfüßler. Tierstamm, der unter anderen die Insekten, Krebstiere, Spinnen, Skorpione, Tausendfüßer und Hundertfüßer umfasst.

Base (auch Nucleobase) – Die Basen Adenin (A), Guanin (G), Cytosin (C) und Thymin (T) sind Bestandteile der Nukleotide und damit Bausteine der DNA. In der RNA findet sich Uracil (U) statt Thymin. Aufgrund ihrer chemischen Struktur paaren sich die Basen A und T (bzw. U) sowie C und G (= Basenpaare). Die Basenpaarung ermöglicht z.B. das Abschreiben der DNA zur RNA.

Biomasse – Das gesamte organische Material von lebenden und toten Organismen, das zu einer bestimmten Zeit an einem bestimmten Ort vorhanden ist.

Biotop – Lebensraum einer Lebensgemeinschaft mit typischen Umweltbedingungen.

Biotopschutz – Im Biotopschutz steht die Erhaltung und Förderung von Biotoptypen mit der für sie typischen Zusammensetzung von Fauna und Flora im Vordergrund.

Chromosom – Im Zellkern zu Stäbchen aufgeknäuelte DNA.

Destruenten – Bodenorganismen, die totes pflanzliches und tierisches Material zersetzen und die darin enthaltenen Nährstoffe wieder für Pflanzen verfügbar machen.

Disruptive Selektion – Durch Selektion bewirkte Existenz von zwei oder mehreren Phänotypen innerhalb einer Population, oft gekoppelt mit bevorzugter Paarung zwischen Individuen desselben Genotypes *(assortative mating)*. Disruptive Selektion kann zu Artbildung führen.

DNA (DNS) – Desoxyribonukleinsäure. Chemischer Stoff, aus dem die Gene aufgebaut sind.

Endemit (endemische Art) – Pflanzen- oder Tierart, die nur in einem bestimmten

Gebiet lebt, zum Beispiel in einem Fluss, einem Gebirge, auf einer Insel oder in einer Region.

Eukaryoten (oder Eukaryonten) – Lebewesen mit Zellkern und Zellmembran. Alle Eukaryoten haben mehrere Chromosomen.

Eutrophierung – Anreicherung eines Gewässers mit Nährstoffen (Stickstoff, Phosphor) durch Zufluss von Abwasser oder Auswaschung von Düngern aus Landwirtschaftsflächen. Eutrophierung führt in der Regel zu einer von pflanzlichem Plankton dominierten Lebensgemeinschaft und erhöhten Primarproduktion sowie zu einer Sauerstoffzehrung.

Evolution – Entwicklung aller Lebewesen aus einfachen Urformen. Das Prinzip der natürlichen Auslese ist ein bedeutender Prozess der Evolution. Aufgrund ihrer Gene und ihres Verhaltens besonders gut angepasste Organismen überleben eher und haben daher mehr Nachkommen.

Existenzwert – Bezeichnet die Zahlungsbereitschaft von Personen für die bloße Existenz einer natürlichen Ressource (z.B. eine Tierart). Mit dem Existenzwert soll ein Teil der nicht-nutzungsabhängigen Wertschätzung für natürliche Ressourcen erfasst werden.

Fauna-Flora-Habitat-Richtlinie, auch FFH-Richtlinie oder Habitatrichtlinie – Eine Naturschutzrichtlinie der Europäischen Union, die das Ziel hat, wildlebende Arten, deren Lebensräume und die europaweite Vernetzung dieser Lebensräume zu sichern und zu schützen. Die Artenschutzregelungen beziehen sich auf europaweit gefährdete Arten, die nicht durch Schutzgebiete geschützt werden können, da sie sehr große Flächen beanspruchen (z.B. Luchs, Wildkatze).

Fitness (reproduktive Fitness) – Anzahl der fortpflanzungsfähigen Nachkommen, die ein Individuum in seinem Leben produziert.

Fotosynthese – Die Herstellung organischer Substanzen aus Kohlendioxid und Wasser mithilfe des Sonnenlichts. Grüne Pflanzen und einige Mikroorganismen betreiben Fotosynthese.

Funktionelle Diversität – Gliederung der Arten nach ihrer Funktion im Ökosystem. So werden beispielsweise aquatische Detritivoren nach ihrer Ernährungsweise eingeteilt: Zerkleinerer von Baumblättern im Bach und Sammler-Filtrierer als Konsumenten von kleinen organischen Partikeln aus dem Wasser.

Funktionelle Gruppe – Gruppen von Arten, die auf gleiche Art und Weise ihre Energie aus Nahrung gewinnen: Primärproduzenten (Pflanzen) oder Sekundärproduzenten (= Konsumenten) bestehend aus Pflanzenfressern (Herbivoren), Fleischfressern (Carnivoren) und Allesfressern (Omnivoren).

Gen – Abschnitt auf der DNA, der die Information zur Herstellung einer RNA enthält. Gene sind die Grundelemente der Vererbung.

Genetische Drift – Zufällige Veränderung der Genfrequenzen von einer Generation zur nachfolgenden Generation. In sehr kleinen Populationen ist die Wahrscheinlichkeit groß, dass durch Zufall seltene Allele nicht an die Nachfolgegeneration weitergegeben werden.

Genfluss – Austausch von Genen zwischen Populationen, durch Aus- und Einwanderungen von Individuen oder Verfrachtung von Pollen und Samen.

Genlocus siehe Locus

Genotyp – Genetische Ausstattung eines Individuums. Im Gegensatz zum Phänotyp, der nur die ausgeprägten Merkmale bezeichnet, wird der Genotyp an die Nachkommen weitervererbt.

Genpool – Gesamtheit aller Genvariationen (Allele) einer Population oder Art.

Gilde – Arten mit ähnlichen Nischenpositionen (ähnlicher Funktion im Ökosystem).

Hybridisierung – Kreuzung verschiedener Zuchtlinien, Rassen oder Arten.

In situ-Erhaltung – Die Erhaltung von Ökosystemen und natürlichen Lebensräumen sowie die Bewahrung und Wiederherstellung lebensfähiger Populationen von Arten in ihrer natürlichen Umgebung und – im Fall domestizierter oder gezüchteter Arten – in der Umgebung, in der sie ihre besonderen Eigenschaften entwickelt haben.

Invasive Arten – Pflanzen- und Tierarten, die aus anderen biogeografischen Regionen stammen und durch Menschen in neue Lebensräume gebracht wurden, in denen sie sich stark ausbreiten und so einheimische Arten verdrängen. Invasive Arten zeichnen sich durch ein effizientes Ausbreitungsvermögen sowie durch eine sehr hohe Anpassungsfähigkeit und Konkurrenzstärke aus. In neuen Lebensräumen haben sie oft wenige natürliche Feinde.

Klimaerwärmung – Die Erwärmung des Klimas der Erde aufgrund einer Anreicherung von Kohlendioxid und anderer Gase vorwiegend aus der Verbrennung fossiler Brennstoffe und der globalen Waldvernichtung.

klonale Fortpflanzung – ungeschlechtliche, vegetative Vermehrung, bei Pflanzen beispielsweise durch Ausläufer oder Knollenbildung.

Landschaftsschutz – Maßnahmen, welche die Erhaltung, Förderung und Gestaltung der natürlichen, vom Menschen geschaffenen oder als schön empfundenen Landschaftselemente in ihrer regionaltypischen Ausprägung und in ihrem Zusammenspiel zum Ziel haben.

Lebensgemeinschaft (Biozonöse, *community*) – Alle Organismen (von Bakterien bis zu Säugetieren), die in einem abgegrenzten Gebiet (Biotop) gemeinsam vorkommen und dort in Wechselwirkung treten können.

Locus (Mehrzahl Loci) – Lage (physikalische Position) eines Gens im Genom, meistens bezogen auf ein Chromosom.

Metapopulation – Ein System von lokalen (Sub-)Populationen, zwischen denen einzelne Individuen über Zu- und Abwanderung wechseln können.

Mikrosatelliten-Marker – Eindeutig bestimmbarer DNA-Abschnitt einer Art, der

Wiederholungen von kurzen Basenpaarmustern enthält. Variable Mikrosatelliten-Marker können zur Genanalyse verwendet werden.

Monitoring – Bestandesüberwachung von Populationen einer Art über einen längeren Zeitraum (Dauerbeobachtung). Monitoring kann dazu beitragen, langfristige Veränderungen in einer Population (Zu- oder Abnahme) von kurzfristigen Schwankungen zu unterscheiden.

Mutation – Dauerhafte Veränderung des Erbgutes. Eine Mutation kann negative, positive oder keine Auswirkung auf den Organismus haben. Nur Mutationen in Geschlechtszellen werden weitervererbt.

Mykorrhiza – Wurzelpilze, die mutualistisch mit bestimmten Pflanzen zusammenleben. Die Pilze umhüllen die Wurzel (ektotrophe Mykorrhiza) oder dringen in die Wurzelzellen ein (endotrophe Mykorrhiza). Der Pilz bewirkt eine effektivere Versorgung der Pflanzen mit Nährstoffen, die Pilze ihrerseits erhalten von der Pflanze Kohlenhydrate.

Nachhaltige Entwicklung – Nachhaltig ist eine Entwicklung, wenn sie die Bedürfnisse der heutigen Generation erfüllt, ohne dass dadurch die Fähigkeit künftiger Generationen beeinträchtigt wird, ihre Bedürfnisse zu befriedigen. Nachhaltige Entwicklung bezieht sich gleichwertig auf die drei Bereiche Wirtschaft, Umwelt und Gesellschaft (Definition nach der Brundtland-Kommission).

Naturschutz – Unter Naturschutz werden alle Maßnahmen verstanden, welche die Erhaltung und Förderung der Naturgüter und der ihnen zugewiesenen Werte in der gesamten Landschaft aus ökologischen, wirtschaftlichen, ethischen, historischen, ästhetischen oder emotionalen Gründen anstreben.

Nivale Zone – Hochgebirgsstufe, die weitgehend schneebedeckt ist (höher als 3000 m über Meer).

Nukleotid – Molekül, das als Grundbaustein der DNA und RNA fungiert und Bestandteil des genetischen Codes ist. Ein Nukleotid ist aus drei Bestandteilen aufgebaut: einer Phosphorsäure, einem Monosaccharid und einer von fünf Basen (auch Nucleobasen genannt).

Ökologische Ausgleichsfläche – Lebensraum im Landwirtschaftgebiet mit erhöhter Biodiversität und eingeschränkter landwirtschaftlicher Nutzung, beispielsweise eine extensive genutzte Weide, Buntbrache, Streufläche oder Hecke. Die Bewirtschafter erhalten dafür Ausgleichszahlungen.

Ökologische Nische – Das Spektrum der verschiedenen abiotischen und biotischen Faktoren, unter denen eine Population bzw. Art an einem Standort leben und sich durch Reproduktion erhalten kann.

Ökosystem – Beziehungsgefüge der Lebewesen untereinander und mit ihrer unbelebten Umwelt (Wasser, Luft, Klima etc.). Ein Ökosystem repräsentiert einen einheitlichen Lebensraum (z.B. Teich, Auenwald).

Parthenogenese – Form der eingeschlechtlichen Fortpflanzung. Dabei entstehen die Nachkommen aus unbefruchteten Eizellen (häufig bei Blattläusen und einigen Fisch- und Echsenarten).

Phänologie – Erfassung von im Jahresverlauf auftretenden Entwicklungsstadien in der Natur, z.B. Zeitpunkt des Blühens von Löwenzahn oder Buschwindröschen, oder Laubabwurf im Herbst.

Phänotyp – Gesamtheit der äußerlichen Merkmalen eines Organismus wie Größe, Augenfarbe, Blutgruppe. Wird vom Genotyp und der Umwelt bestimmt.

Phänotypische Plastizität – Variabilität im Aussehen oder in Life-History-Eigenschaften eines Individuums, welche durch Umwelteinflüsse hervorgerufen werden.

Population – Eine Gruppe von Individuen, die derselben Art angehören, einen bestimmten Lebensraum besiedeln und sich dort fortpflanzen.

Primärproduktion – Aufbau von pflanzlicher Biomasse. Ein Teil der von der Sonne auf die Erde eingestrahlten Lichtenergie wird von Pflanzen eingefangen und durch Fotosynthese zum Aufbau von organischen Molekülen benutzt.

Prokaryoten – zelluläre Lebewesen, die keinen Zellkern besitzen (Mikroorganismen, Bakterien).

Rasse – Eine Gruppe von Individuen einer Tierart, die sich in manchen Merkmalen von einer anderen Gruppe derselben Art unterscheidet. Rassen entstehen durch regionale Isolation (geografische Rasse) oder durch unterschiedliche Lebensansprüche (ökologische Rasse).

Rekombination – Bei der geschlechtlichen Vermehrung werden mütterliche und väterliche Gene neu zusammengestellt.

Rote Liste – Rote Listen zeigen die momentanen Gefährdungskategorien einheimischer Pflanzen- und Tierarten an. Rote Listen werden anhand international verbindlicher, objektiv nachvollziehbarer Kriterien durch Fachleute erstellt. Sie stellen eine Grundlage für den Naturschutz dar und geben einen Überblick über den Wandel der Artenvielfalt und ihre Gefährdungssituation. Rote Listen sind ein Rechtsinstrument des Naturschutzes. Bei Eingriffen in die Natur muss auf Rote-Liste-Arten Rücksicht genommen werden.

Ruderalpflanzen – Pflanzenarten, die Schutt, Böschungen, Straßen- und Wegränder, Gleiskörper und ähnliche Habitate besiedeln. Diese Habitate sind durch eine hohe Störungsfrequenz und meist durch einen hohen Stickstoffgehalt charakterisiert.

Schlüsselart – Eine Art, die auf die Zusammensetzung von Lebensgemeinschaften (Biozönosen), auf die interspezifischen Beziehungen oder auf Ökosystemfunktionen wesentlichen Einfluss nimmt. Der Begriff «Schlüsselart» bezeichnet keine artspezifische Eigenschaft, sondern bezieht sich auf die Bedeutung einer Art innerhalb eines bestimmten Systems.

Systematik – Ordnet die Vielfalt der Organismen. Zwei Arten stehen einander systematisch umso näher, je später ihr letzter gemeinsamer Vorfahre gelebt hat und je mehr sie einander gleichen.

Taxonomie – Wissenschaft, die sich mit der Klassifizierung von Lebewesen befasst. Ziel der modernen Taxonomie ist die Schaffung eines Ordnungssystems, das die Evolution bestimmter Gruppen von Arten aus gemeinsamen Vorfahren widerspiegelt.

Vermächtniswert – Bezeichnet die Zahlungsbereitschaft von Personen dafür, dass eine bestimmte natürliche Ressource mit Sicherheit für künftige Generationen erhalten wird. Mit dem Vermächtniswert wird ein Teil der nicht-nutzungsabhängigen Nutzen natürlicher Ressourcen erfasst.

Internetadressen

www.aquaticinvasions.net – Online-Zeitschrift zu aquatischen Invasionen in Europa

www.arche-austria.at – Verein zur Erhaltung seltener Nutztierrassen, Österreich

www.barcodinglife.com – *The Barcode of Life Data System. Online*-Werkbank, die Ratschläge im Umgang mit DNA-Barcodes gibt.

www.bfn.de – Bundesamt für Naturschutz. Deutschlands wissenschaftliche Behörde für den nationalen und internationalen Naturschutz. Information über Schutz und Nutzung von Biodiversität

www.birdlife.org/action/science/endemic_bird_areas/index.html – Information über *Endemic Bird Areas*

www.biodiversity.ch – Kompetenzzentrum für Biodiversitätsforschung in der Schweiz

www.biodiversity.de – Netzwerk-Forum zur Biodiversitätsforschung in Deutschland

www.biodiversityhotspots.org – Website über Biodiversitäts-Hotspots von *Conservation International*

www.biodiversitymonitoring.ch – Offizielle Website des Schweizer Biodiversitätsmonitoring-Programms vom Bundesamt für Umwelt. Information zu Veränderungen in der Biodiversität

www.bluelists.ethz.ch – Information über das Instrument der Blauen Listen

www.cbd.int – *Convention on Biological Diversity*. Offizielle Website des internationalen Abkommens (eine Übersetzung der Konvention ins Deutsche ist als pdf-Dokument erhältlich über: www.admin.ch/ch/d/sr/i4/0.451.43.de.pdf)

www.cps-skew.ch/deutsch/info_invasive_pflanzen.htm – Informationen zu invasiven gebietsfremden Pflanzen in der Schweiz

www.darwin-online.org.uk – *The Complete Work of Charles Darwin Online*

www.diversitas-international.org – Internationales Netzwerk für Biodiversitätsforschung

www.eea.europa.eu – *European Environmental Agency*. Information zu Veränderungen der Umwelt in Europa

www.easac.eu – *European Academies Sciences Advisory Council*. Information zur Biodiversität in Europa

www.ecnc.org – *European Centre for Nature Conservation*. Unabhängige Organisation für den Schutz und die nachhaltige Nutzung der Biodiversität in Europa

www.europe-aliens.org – *Delivering alien invasive species inventories for Europe*. Frei verfügbare Datenbank von DAISIE zu 11 000 nicht-einheimischen Arten in Europa und 2000 Experten

www.fao.org – *Food and Agricultural Organization of the United Nations*. Information über nachhaltige Nahrungsmittelproduktion

www.floraweb.de/neoflora/ – Invasive gebietsfremde Pflanzen in Deutschland
www.footprintnetwork.org/de/ – *Global Foorprint Network – Advancing the Science of Sustainability.* Information über den ökologischen Fußabdruck
www.g-e-h.de – Gesellschaft zur Erhaltung alter und gefährdeter Haustierrassen (GEH), Deutschland
www.gloria.ac.at – *Global Observation Research Initiative in Alpine Environments*
www.gisp.org – *The Global Invasive Species Programme.* Internationale Organisation, die Informationsaustausch, Politikberatung und Information der Öffentlichkeit zu invasiven Arten zum Ziel hat.
www.habitalp.de – HABITALP, Programm zur Erfassung der Diversität in alpinen Lebensräumen
www.ibot.sav.sk/icbn – *International Association for Plant Taxonomy.* Gibt Regeln zur Beschreibung von Pflanzenarten.
www.iczn.org – *International Commission on Zoological Nomenclature.* Nomenklaturcodes und Regeln zur Beschreibung von Tierarten
www.iucn.org – *IUCN, International Union of Conservation of Nature.* Information über Biodiversität, Rote Listen, Klimaveränderung und andere Umweltthemen
www.iucnredlist.org – *The IUCN Red List of Threatened Species*
www.millenniumassessment.org – *Millennium Ecosystem Assessment,* Informationen über die verschiedenen Projekte. Die meisten Berichte können vom Netz heruntergeladen werden.
www.naturparke.de – Information über die 101 Naturparke in Deutschland
www.nbu.ac.uk/bioassess – *Biodiversity Assessment Tools Project,* ein Projekt zur Entwicklung von Biodiversität-Indikatoren
www.prospecierara.ch – ProSpecieRara, Schweizerische Stiftung für die kulturhistorische und genetische Vielfalt von Pflanzen und Tieren
www.teebweb.org – TEEB (*The Economics of Ecosystems and Biodiversity*) Informationen über das TEEB-Projekt
www.unep.org – UNEP (*United Nations Environment Programme*) analysiert globale und regionale Umweltdaten.

Literatur

Alonso M.R., Ponte-Lira C.E., Castillo C. et al. (2006) A new *Canariella* species (Gastropoda: Helicoidea: Hygromiidae) of the new subgenus *Majorata*, both endemic to the Jandia Peninsula (Fuerteventura, Canary Island). Zootaxa 1316: 45–56.

ARE/BAFU (Hrsg.) (2007) Landschaft unter Druck. 3. Fortschreibung Beobachtungsperiode 1989–2003. Bundesamt für Raumentwicklung & Bundesamt für Umwelt, Bern.

Arnold S.J. (1981) Behavioral variation in natural populations. II. The inheritance of feeding response in crosses between geographic races of the garter snake, *Thamnophis elegans*. Evolution 35: 510–515.

Balvanera P., Pfisterer A.B., Buchmann N. et al. (2006) Quantifying the evidence for biodiversity effects on ecosystem functioning and services. Ecology Letters 9: 1146–1156.

Baur B. (1994) Inter-population differences in propensity for egg cannibalism in hatchlings of the land snail *Arianta arbustorum*. Animal Behaviour 48: 851–860.

Baur B., Billen W. & Burckhardt D. (Hrsg.) (2008) Vielfalt zwischen den Gehegen: wildlebende Tiere und Pflanzen im Zoo Basel. Monographien der Entomologischen Gesellschaft Basel 3: 1–462.

Baur B., Cremene C., Groza G. et al. (2006) Effects of abandonment of subalpine hay meadows on plant and invertebrate diversity in Transylvania, Romania. Biological Conservation 132: 261–273.

Baur B., Duelli P., Edwards P.J. et al. (2004) Biodiversität in der Schweiz – Zustand, Erhaltung, Perspektiven. Haupt, Bern.

Baur B., Ewald K.C., Freyer B. & Erhardt A. (1997) Ökologischer Ausgleich und Biodiversität. Birkhäuser, Basel.

Baur B., Meier T., Fröberg L. & Rusterholz H.-P. (2005) Artenvielfalt und Naturschutzwert der Rappenflue (Röserental westlich von Liestal, Schweiz). Mitteilungen der Naturforschenden Gesellschaften beider Basel 8: 99–114.

Beierkuhnlein C. (2003) Der Begriff Biodiversität. Nova Acta Leopoldina NF 87, 328: 51–71.

Beierkuhnlein C. (2007) Biogeographie. UTB Ulmer, Stuttgart.

Boschi C. & Baur B. (2009) Die Schneckenfauna der Schweizer Juraweiden – Auswirkungen unterschiedlicher Bewirtschaftungsformen sowie der Bewirtschaftungsgeschichte auf die Trockenweiden-Schneckengesellschaften. Bristol-Stiftung, Band 24. Haupt, Bern.

Bresinsky A., Körner C., Kadereit J.W. et al. (2008) Strasburger. Lehrbuch der Botanik. Spektrum Akademischer Verlag, Heidelberg.

Cesar H.J.S., Burke L. & Pet-Soede L. (2003) The economics of worldwide coral reef degradation. Cesar Environmental Economics Consulting, Arnhem, and WWF-

Netherland, Zeist, The Netherlands. Online: http://assets.panda.org/downloads/cesardegradationreport100203.pdf

Chown S.L., Gaston K.J. & Williams P.H. (1998) Global patterns in species richness of pelagic seabirds: the Procellariiformes. Ecography 21: 342–350.

Chazdon R.L., Peres C.A., Dent D. et al. (2009) The potential for species conservation in tropical secondary forests. Conservation Biology 23: 1406–1417.

Cremene C., Groza G., Rakosy L. et al. (2005) Alterations of steppe-like grasslands in Eastern Europe: a threat to regional biodiversity hotspots. Conservation Biology 19: 1606–1618.

Cloud P. (1978) Cosmos, earth and man. Yale University Press, New Haven.

Costanza R., d'Arge R., de Groot R. et al. (1997) The value of the world's ecosystem services and natural capital. Nature 387: 253–260.

DAISIE (2008) Handbook of alien species in Europe. Springer, Heidelberg.

Darwin C.R. (1845) Journal of researchers into the natural history and geology of the countries visited during the voyage of H.M.S. Beagle round the world, under the command of capt. Fitz Roy R.N. Second Edition, London, John Murray.

Darwin C.R. (1859) (Übersetzung 1981) Über die Entstehung der Arten. Reclam, Stuttgart.

Dixon A.F.G., Kindlmann P., Leps J. & Holman J. (1987) Why are there so few species of aphids, especially in the tropics. American Naturalist 129: 580–592.

Duelli P. (2004) Wieviele Arten leben in der Schweiz? WSL Birmensdorf, Informationsblatt Forschungsbereich Landschaft 61: 4.

EEA (2009) Progress towards the European 2010 biodiversity target. European Environment Agency, Report 4/2009.

Eggenberg S., Dalang T., Dipner M. & Mayer C. (2001) Kartierung und Bewertung der Trockenwiesen und -weiden von nationaler Bedeutung. Schriftenreihe Umwelt 325. BUWAL, Bern.

Erwin D.H. (1998) The end and the beginning: recoveries from mass extinctions. Trends in Ecology and Evolution 13: 344–349.

Essl F., Staudinger M., Stöhr O. et al. (2009) Distribution patterns, range size and niche breadth of Austrian endemic plants. Biological Conservation 142: 2547–2558.

Ewald K.C. & Klaus G. (2009) Die ausgewechselte Landschaft. Haupt, Bern.

Gepp J. (1986) Trockenrasen in Österreich als schutzwürdige Refugien wärmeliebender Tierarten. In: Holzner W., Hovartic E., Köllner E. et al. (Hrsg.) Österreichischer Trockenrasenkatalog. Grüne Reihe des Bundesministeriums für Gesundheit und Umweltschutz 6: 15–29.

Gigon A., Langenauer R., Meier C. & Nievergelt B. (2000) Blue lists of threatened species with stabilizing or increasing abundance: a new instrument for conservation. Conservation Biology 14: 402–413.

Goverde M., Schweizer K., Baur B. & Erhardt A. (2002) Small-scale fragmentation effects on pollinator behaviour: experimental evidence from the bumblebee *Bombus veteranus* on calcareous grasslands. Biological Conservation 104: 293–299.

Groom M.J., Meffe G.K. & Carroll C.R. (2006) Principles of conservation biology (3rd edition). Sinauer Associates, Sunderland, M.A.

Fisher R.A. (1930) The genetical theory of natural selection. Claredon Press, Oxford.

Hadfield M. (1986) Extinction in Hawaiian achatinelline snails. Malacologia 27: 67–81.

Hickling R., Roy D.B., Hill J.K. et al. (2006) The distributions of a wide range of taxonomic groups are expanding polewards. Global Change Biology 12: 450–455.

Hooper D.U., Chapin III F.S., Ewel J.J. et al. (2005) Effects of biodiversity on ecosystem functioning: a consensus of current knowledge. Ecological Monographs 75: 3–35.

Ingold P. (2005) Freizeitaktivitäten im Lebensraum der Alpentiere. Haupt, Bern.

Janzen D.H. (1981) The peak in North-American ichneumonid species richness lies between 38-degress and 42-degrees N. Ecology 62: 532–537.

Job H., Harrer B., Metzler D. & Hajizadeh-Alamdary D. (2005) Ökonomische Effekte von Großschutzgebieten. BfN-Skripten 135, Bundesamt für Naturschutz, Bonn.

Kleijn D., Kohler F., Baldi A. et al. (2009) On the relationship between farmland biodiversity and land-use intensity in Europe. Proceedings of the Royal Society of London, Series B 276: 903–909.

Körner C. & Spehn E.M. (Hrsg.) (2002) Mountain biodiversity. A global assessment. Parthenon, Boca Raton.

Kowarik I. (2003) Biologische Invasionen: Neophyten und Neozoen in Mitteleuopa. Ulmer, Stuttgart.

Kuussaari M., Singer M. & Hanski I. (2000) Local specialization and landscape-level influence on host use in an herbivorous insect. Ecology 81: 2177–2187.

Lachat T., Pauli D., Gonseth Y. et al. (Hrsg.) (2010) Der Wandel der Biodiversität in der Schweiz seit 1900. Bristol-Stiftung, Band 25. Haupt, Bern.

Leopold A. (1949) A sand county almanac and sketches here and there. Oxford University Press, New York.

Leuschner C. & Schipka F. (2004) Vorstudie Klimawandel und Naturschutz in Deutschland. BfN-Skripten 115, Bundesamt für Naturschutz, Bonn.

Lindemann-Matthies P., Junge X. & Matthies D. (2010) The influence of plant diversity on people‘s perception and aesthetic appreciation of grassland vegetation. Biological Conservation 143: 195–202.

Little C. (1990) The terrestrial invasion: an ecophysiological approach to the origins of land animals. Cambridge University Press, Cambridge.

LoGuidice K., Ostfeld R.S., Schmidt K.A. & Keesing, F. (2003) The ecology of infectious disease: Effects of host diversity and community composition on Lyme disease risk. Proceedings of the National Academy of Sciences of the United Staates of America 100: 567–571.

Lovasi G.S., Quinn J.W., Neckerman K.M. et al. (2008) Children living in areas with more street have a lower prevalence of asthma. Journal of Epidemiology and Community Health 62: 647–649.

Lovejoy T.E. (1980) Changes in biological diversity. In: The global 2000 report to the president, Vol. 2 (ed. O.G. Barney). A report prepared by the Council on Environmental Quality and the Department of State. Penguin Books, Harmondsworth.

Magurran A.E. (2004) Measuring biological diversity. Blackwell Science, Oxford.

MacArthur R.H. & Wilson E.O. (1967) The theory of island biogeography. Princeton University Press, Princeton.

Millennium Ecosystem Assessment (2005) Ecosystems and human well-being: Biodiversity synthesis. Island Press, Washington, DC.

Mulongoy K.J. & Chape S. (2004) Protected areas and biodiversity – an overview of key issues. UNEP-WCMC Biodiversity Series No. 21, Cambridge.

Muir J. (1916) A thousand mile walk to the gulf. Houghton Mifflin, Boston, MA.

Murray J. (1975) The genetics of the Mollusca. In: King R.C. (Hrsg.) Handbook of genetics, Vol. 3, Invertebrates of genetic interest. Plenum Press, New York, pp. 3–31.

Myers N., Mittermeier R.A., Mittermeier C.G. et al. (2000) Biodiversity hotspots for conservation priorities. Nature 403: 853–858.

Nentwig W. (Hrsg.) (2007) Biological invasions. Ecological Studies 193. Springer, Heidelberg.

Nentwig W. (2010) Invasive Arten. UTB Profile, Haupt, Bern.

Nentwig W., Bacher S., Beierkuhnlein C. et al. (2004) Lehrbuch der Ökologie. Spektrum, Heidelberg.

Nentwig W., Bacher S. & Brandl R. (2009) Ökologie kompakt (2. Auflage). Spektrum Akademischer Verlag, Heidelberg.

Nilsson S.G., Bengtsson J. & Ås, S. (1988) Habitat diversity or area *per se*? Species richness of woody plants, carabid beetles and land snails on islands. Journal of Animal Ecology 57: 685–704.

Norton B.G. (1991) Toward unity among environmentalists. Oxford University Press, New York.

OcCC (2008) Das Klima ändert – was nun? Der neue UN-Klimabericht (IPCC 2007) und die wichtigsten Ergebnisse aus Sicht der Schweiz. OcCC – Organe consultatif sur les changements climatiques, Bern.

Pinchot G. (1947) Breaking new ground. Harcourt, Brace and Co., New York.

Primack R.B. (1995) Naturschutzbiologie. Spektrum Akademischer Verlag, Heidelberg.

Primack R.B. (2006) Essentials of conservation biology. Sinauer, Sunderland.
Rabinowitz D. (1981). Seven forms of rarity. In: Synge H. (Hrsg.) The biological aspects of rare plant conservation. Wiley, New York, S. 205–217.
Raup D.M. (1978) Cohort analysis of generic survivorship. Paleobiology 4: 1–15.
Remmert H. (1991) The mosaic-cycle concept of ecosystems. Ecological Studies 85. Springer, Heidelberg.
Rolston H. III (1988) Environmental ethics: duties to and values in the natural world. Temple University Press, Philadelphia.
Rosenzweig M.L. (1995) Species diversity in space and time. Cambridge University Press, Cambridge.
Sauberer N., Moser D. & Grabherr G. (2008) Biodiversität in Österreich. Räumliche Muster und Indikatoren der Arten- und Lebensraumvielfalt. Bristol-Stiftung, Band 20. Haupt, Bern.
Smith T.M. & Smith R.L. (2009) Ökologie (6. Auflage). Pearson Studium, München.
Southwood T.R.E. & Henderson P.A. (2000) Ecological methods (3rd edition). Blackwell Science, Oxford.
Spehn E.M., Hector A., Joshi J. et al. (2005) Ecosystem effects of biodiversity manipulations in European grasslands. Ecological Monographs 75: 37–63.
Steinke D. & Brede N. (2006) DNA-Barcoding: Taxonomie des 21. Jahrhunderts. Biologie unserer Zeit 36: 40–46.
Stöcklin J., Bosshard A., Klaus G. et al. (2007) Landnutzung und biologische Vielfalt in den Alpen. vdf Hochschulverlag AG an der ETH Zürich.
Streit B. (2007) Was ist Biodiversität? Erforschung, Schutz und Wert biologischer Vielfalt. C.H. Beck Verlag, München.
Tautz D., Arctander P., Minelli A. et al. (2003) A plea for DNA taxonomy. Trends in Ecology and Evolution 18: 70–74.
Townsend C.R., Begon M. & Harper J.L. (2008) Ökologie (2. Auflage). Springer, Heidelberg.
Turner W., Spector S., Gardiner N. et al. (2003) Remote sensing for biodiversity science and conservation. Trends in Ecology and Evolution 18: 306–314.
UNEP-WCMC (2008) State of the world‘s protected areas: an annual review of global conservation progress. UNEP-WCMC, Cambridge.
Ursenbacher S., Monney J.-C. &. Fumagalli L. (2009) Limited genetic diversity and high differentiation among the remnant adder (*Vipera berus*) populations in the Swiss and French Jura Mountains. Conservation Genetics 10: 303–315.
Veron J.E.N. (2000) Corals of the world. Vol. 1–3. Australian Institute of Marine Science, Melbourne.
Völkl W., Blick T., Kornacker P.M. & Martens H. (2004) Quantitativer Überblick über die rezente Fauna von Deutschland. Natur und Landschaft 79: 293–295.
Westheide W. & Rieger R. (Hrsg.) (2007) Spezielle Zoologie. Fischer, Stuttgart.

Sachregister